◎33个"动手练一练"视频教学：涵盖了新手须知的全部重点技能，手把手地教给您如何利用所学轻松操作，可短期内脱离书本独立运用各项技巧。

如何安装紫光拼音输入法　　　　如何查看文件夹的详细信息　　　　如何使用密码还原向导

如何快速查找所有指定内容　　　　如何播放DVD视频　　　　如何使用母版制作幻灯片

如何制作班级学生情况表　　　　如何建立普通拨号上网　　　　如何查看计算机性能

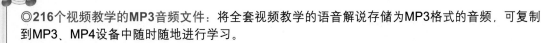

◎216个视频教学的MP3音频文件：将全套视频教学的语音解说存储为MP3格式的音频，可复制到MP3、MP4设备中随时随地进行学习。

◎价值268元的正版实用软件：读者轻松操作即可直接安装，省去下载的困扰和花钱买安装光盘的烦恼，省时省钱，何乐而不为？

附赠资料　　　　MP3音频文件　　　　价值268元正版软件

* 计算机的基础操作

* Windows Vista窗口的基本操作

* 输入法的设置

* 设置鼠标属性

* 文件/文件夹的高级操作

* 查找并保存文件

* 用户账户的管理

* 密码还原向导

* 应用程序的安装

* 播放DVD视频

* 收听广播

* Windows照片库的使用

* Windows自带的游戏

* Word 2007的基本操作

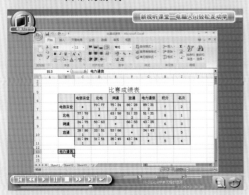

* Excel 2007中单元格的使用

* 制作班级学生情况表

* 制作本周工作计划幻灯片

* 使用ADSL连接Internet

* 搜索引擎的使用

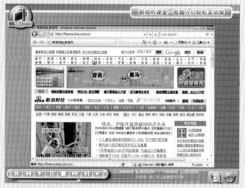

* 网上查看股市行情

* 磁盘维护与管理

* 查看系统性能

* 使用IE 7.0浏览网页

* Windows任务管理器的使用

电脑入门轻松互动学

杰诚文化/编著

中国青年出版社

中国青年电子出版社

http://www.21books.com http://www.cgchina.com

中青雄狮

图书在版编目（CIP）数据

电脑基础入门轻松互动学 / 杰诚文化编著. −北京：中国青年出版社，2008
（新视听课堂）
ISBN 978-7-5006-7825-0
I.电 ...　II.杰 ...　III.电子计算机 − 基本知识　IV. TP3
中国版本图书馆CIP数据核字（2007）第184286号

新视听课堂电脑基础入门轻松互动学
—— 电脑入门轻松互动学

杰诚文化　　编著

出版发行：	中国青年出版社
地　　址：	北京市东四十二条21号
邮政编码：	100708
电　　话：	（010）59521188 / 59521189
传　　真：	（010）59521111
企　　划：	中青雄狮数码传媒科技有限公司
责任编辑：	肖　辉　韩瑕珺　张　鹏
封面设计：	唐　棣
印　　刷：	北京机工印刷厂
开　　本：	787×1092　1/16
总印张：	57.75
版　　次：	2009年4月北京第2版
印　　次：	2009年4月第1次印刷
书　　号：	ISBN 978-7-5006-7825-0
总定价：	62.00元（全套共3分册，各附赠1光盘）

本书如有印装质量等问题，请与本社联系　电话：（010）59521188 / 59521189
读者来信：reader@cypmedia.com
如有其他问题请访问我们的网站：www.21books.com

"北京北大方正电子有限公司"授权本书使用如下方正字体。
封面用字包括：方正兰亭粗黑

"新视听课堂"系列丛书简介

在当今科技高速发展、竞争日益激烈的时代,计算机已经成为人们谋生的一种重要手段,如果不懂计算机,就很难在社会中生存。一本好的计算机图书,无疑是广大电脑初学者由"菜鸟"晋级为高手的制胜法宝。为了帮助这些读者快速迈进电脑应用高手的行列,我们特别策划并编写了这套丛书,希望能为他们的学习和工作尽一点绵薄之力。

本系列丛书以广大计算机用户的实际需求为出发点,以实用为最终目的,介绍了日常工作与生活中最热门、最流行的电脑工具软件,涵盖了电脑应用的最常见领域,起点低、内容全、上手快、容易学,对于不懂电脑的读者而言,可谓一读即会。

丛书内容

编 号	书 名
1	《新视听课堂——电脑入门轻松互动学》
2	《新视听课堂——Office 2007公司办公轻松互动学》
3	《新视听课堂——Excel 2007电子表格制作轻松互动学》
4	《新视听课堂——Windows Vista操作系统轻松互动学》
5	《新视听课堂——上网入门轻松互动学》
6	《新视听课堂——五笔打字轻松互动学》
7	《新视听课堂——Photoshop CS3图像处理轻松互动学》
8	《新视听课堂——CorelDRAW X3绘图设计轻松互动学》
9	《新视听课堂——3ds Max 9三维设计轻松互动学》
10	《新视听课堂——Dreamweaver CS3网页设计轻松互动学》
11	《新视听课堂——Flash CS3动画设计轻松互动学》

丛书特色

特 色	说 明
1 国内首创的MP3学习模式让您体验边听边学的乐趣	采用国内首创的MP3语音教学方式,将视频教学语音解说提炼为MP3格式的音频,可将其复制到MP3、MP4设备中随时随地进行学习,甚至可以脱离书本,边听边学!
2 轻松攻克难关的视频教学让您像看电影般学完课程	按照教程的课时结构设计了一套完整的视频教学体系,配合全程语音解说和详细的操作演示,再现知识点讲解和案例制作全过程。

③	人性化的互动学习方法 让您亲手进行实战模拟	在讲解中设计了互动测试环节,让读者可以亲手进行实践操作,从而创造一种真正的人性化互动学习环境。
④	巩固知识的解惑提问环节 让您尽量少走学习的弯路	每个课时最后设置了"新手提问"环节,有针对性地收集了8个问题,专门针对初学者在学习过程中遇到的各种常见问题以及产生的疑惑进行解答。
⑤	轻松易学的阅读方式 让您从0开始也无障碍	书中将操作步骤化繁为简,为所有的操作步骤都标注了操作顺序,即使对于从未接触过软件的读者而言,学习起来也毫无障碍
⑥	帮助学习的超值掌中宝手册 让您拥有1+1>2的超值实惠	本书配备了一本掌中宝手册,其中收录Ghost系统文件备份与还原方法;电脑常见问题与处理方法;常见的电脑报警声与对应问题故障;Windows 常见技巧等不同内容,随查随用,电脑使用不求人。

本书知识结构

课　时	内　容
1~3课	电脑基础知识,包括电脑配件、Windows系统安装、鼠标与键盘基础知识。
4~9课	主要针对Microsoft公司推出的最新操作系统Windows Vista进行详细介绍,读者能够自主完成对个人电脑的个性化设置、软件安装与卸载等操作。
10~12课	主要介绍Office 2007的使用,针对三大办公组件Word 2007、Excel 2007和PowerPoint 2007的基础操作和常用技巧进行详细介绍。
13~19课	主要针对电脑网络、常用软件以及计算机安全性进行详细介绍,读者能够自由遨游在网络世界中,并能随心所欲使用常用软件、进行安全维护。

本书光盘内容

本书超值附赠一张DVD光盘 (1DVD=6CD),其中包含如下内容。

内　容	说　明
① 6小时多媒体视频教学	知识点讲解结合语音视频教学,为您提供一套生动鲜明的"活教材"。
② 价值268元正版软件	正版金山毒霸2008杀毒套装、暴风影音、超级兔子魔法设置、极品五笔、豪杰大眼睛……
③ 216个MP3语音讲解文件	重要知识点的MP3语音讲解文件,读者可直接存储在MP3、MP4播放器中,边听边学。

本书力求严谨细致,但限于水平有限,加之时间仓促,书中难免出现疏漏与不妥之处,敬请广大读者批评指正。本书第1~3课由陈润、陈浩、高峰、高霞、郭娜编写;第4~9课由贺凯、胡维秀、康健、李刚、李军、刘贵国编写;第10~12课由刘强、曲云涛、孙素华、周静、王浩、王杰编写;第13~19课由杨杰、吴迪、陈晓鑫、关保清、张国亮、杨晓亮、王伟 、杨帆编写。

编　者
2008年2月

第 1 课　电脑的基本知识

第 2 课　初识 Windows Vista

第 3 课　正确使用鼠标与键盘

第 4 课　使用文件和文件夹

第 5 课　个性化设置与用户账户的管理

第 6 课 应用程序安装和使用

第 7 课 Windows 自带的多媒体播放程序

第8课　Windows 自带的工具与游戏

第 11 课　电子表格 Excel

第12课 幻灯片 PowerPoint

新视听课堂 电脑入门 轻松互动学

第 15 课 体验网络生活

PDF 电子书内容（第 16～19 章见 DVD 光盘）

第 16 课 体验即时通信

第 17 课　电子邮件

目 录

Lesson

电脑的基本知识

01

本课建议学习时间

本课学习时间为 60 分钟，其中建议分配 45 分钟学习电脑的基础知识和开机、关机的操作方法，分配 15 分钟观看视频教学并进行练习。

▶ 安装 Windows

学完本课后您将可以

▶ 掌握电脑的基础知识

▶ 掌握 Windows 安装的方法 重点

▶ 掌握电脑开机和关机的基础操作 难点

▶ 切换用户

▶ 锁定计算机

▶ 主要知识点视频链接

BASIC

1.1 了解电脑和电脑的发展历史

电脑由早期的机械式电脑发展到现在的个人电脑，经过了相当长的时间。最早的计算机要追溯到 1942 年，由法国数学家巴斯卡发明的巴斯卡机，它是由许多的齿轮与杠杆组成的。

电脑时代的分类是以制造电脑所使用的不同元件来划分的，共分为四个时代。 第一代：使用真空管制造 (1946 年 ~1958 年)，使用真空管为材料以打孔卡片作为外部储存媒体，以磁鼓作为内部储存媒体，程序语言为机器语言及组合语言。第二代：使用电晶体制造 (1959 年 ~1964 年)，使用电晶体为材料。以磁蕊作为内部储存媒体，硬件的模组化高阶语言出现。第三代使用集成电路制造 (1965 年 ~1970 年)，使用集成电路向上相容的概念作业系统的出现和软件的快速发展，以及迷你电脑的出现。第四代：使用超大型集成电路制造 (1970 年 ~ 今天)，微处理机的出现，以半导体作为内部存储媒体，微电脑的流行套装软件的发展。

BASIC

1.2 电脑的组成

一般来说电脑由两个部分组成，即硬件和软件。硬件包括显示器、鼠标、键盘、机箱、电源、主板、CPU、声卡、显卡、光驱、内存条、硬盘，有些还包含网卡、音箱、耳机、打印机、扫描仪、摄像头、手写板等外部设备；软件包括系统软件和应用软件。

1.2.1 电脑的硬件组成

电脑的硬件主要包括显示器、鼠标、键盘、机箱、电源、主板、CPU、显卡、光驱、内存条和硬盘，这些都是主要的硬件。下面就详细介绍电脑硬件方面的知识。

显示器是电脑中的重要组成部分之一。显示器是将电脑主机中输入和输出的数据显示出来的一个工具。目前显示器主要分为 CRT 显示器和 LCD 液晶显示器两种，如图 1-1 所示就是液晶显示器。

主板，又叫主机板 (mainboard)、系统板 (systemboard) 和母板 (motherboard)。它安装在机箱内，是微机最基本的也是最重要的部件之一。主板一般为矩形电路板，上面安装了组成计算机的主要电路系统，一般有 BIOS 芯片、I/O 控制芯片、键盘和面板控制开关接口、指示灯插件、扩充插槽等元件，如图 1-2 所示。

图 1-1 液晶显示器

图 1-2 主板

硬盘也是电脑组成的重要设备之一。硬盘就是用户存储数据的地方。例如系统文件、视频文件等的数据都是存放在硬盘中的。目前使用的硬盘有串口硬盘和并口硬盘两种，硬盘容量空间一般为80GB 和 160GB，如图 1-3 所示为 160GB 的并口硬盘。

内存条就是一个存储器，也就是主板上的存储部件，与 CPU 直接沟通，并存放当前正在使用的（即执行中）数据和程序，它的物理实质就是一组或多组具备数据输入输出和数据存储功能的集成电路。内存只暂时存放程序和数据，一旦关闭电源或发生断电，其中的程序和数据就会丢失，如图 1-4 所示为内存条。目前市场上主要以 DDR1 和 DDR2 两种内存条为主。

图 1-3　硬盘

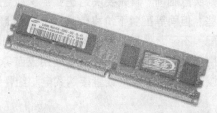

图 1-4　内存条

机箱就是通常所说的主机的外壳。机箱主要是用来保护机箱内部的主板、硬盘、显卡和内存条等硬件设备的，同时也起到了支架并固定主板、电源和各种驱动器的作用，如图 1-5 所示。

显卡又称显示器适配卡。现在的显卡都是 3D 图形加速卡，它是连接主机与显示器的接口卡，其作用是将主机的输出信息转换成字符、图形和颜色等信息，传送到显示器上显示。目前的显卡主要分为集成在主板上的集成显卡和独立显卡两种，如图 1-6 所示为独立显卡。

图 1-5　机箱

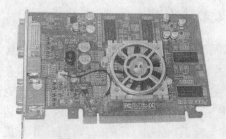

图 1-6　独立显卡

1.2.2　电脑的软件组成

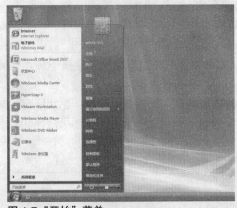

图 1-7　"开始"菜单

软件包括系统软件和应用软件。下面就简单介绍系统软件和应用软件的概念。

为了方便使用机器及其输入输出设备，充分发挥计算机系统的潜力，围绕计算机系统本身开发的程序系统叫做系统软件，例如语言编译程序、数据库管理软件。应用软件是专门为了某种使用目的而编写的程序系统，常用的有文字处理软件，例如 WPS 和 Word；专用的财务软件、人事管理软件；计算机辅助软件，如 AutoCAD；绘图软件，如 3ds max 等。如图 1-7 所示，在 Windows Vista 的开始菜单中包含了很多应用软件。

Lesson 1　Lesson 2　Lesson 3　Lesson 4　Lesson 5

1.3　电脑选购指南

先要根据自己的经济状况确定选购哪一档次的电脑。确定好购买档次后，就需要在同一档次的电脑中细心挑选。用户可以从这几方面来比较：配置与价格、易用性与外观、售后服务与技术支持等。

在购买电脑前，首先要决定是买品牌机还是买兼容机。一般来说，品牌机性能稳定，售后服务好一些，但同等配置下价格偏高。兼容机最大的实惠就是性价比高，并且还可以根据自己的喜好来选配，不足之处是售后服务可能不如品牌机好，另外，选购时如果没有一双慧眼可能会买到假货。对用户而言，如果是一般家庭使用或商务使用，购买品牌机是个不错的选择；如果是电脑玩家则可以购买一台兼容机或直接购买电脑组件，自己动手组装电脑。

1.4　Windows Vista 的新增功能和组件

Windows Vista 操作系统相比以前的操作系统又新增了许多新的功能和组件。例如增加了边栏功能、家长控制功能、Windows Media Center 和 Internet Explorer 7 等功能和组件。下面就向用户介绍 Windows Vista 的部分新增功能和组件。

1.4.1　边栏

Windows Vista 的边栏是在桌面边缘显示出一个垂直长条。在边栏中还包含了很多个实用的小工具，用户还可以对边栏进行自定义设置。

边栏中包含了称为"小工具"的小程序，这些小程序可以提供即时信息以及可轻松访问常用工具的途径。例如，用户可以使用小工具显示图片幻灯片、查看不断更新的标题或查找联系人等，Windows Vista 的边栏如图 1-8 所示。

图 1-8　边栏

1.4.2　家长控制

"家长控制"功能可以让家长很容易地设定孩子使用电脑的时间、上网访问的站点等内容。

对于时下网络游戏影响青少年教育的问题，此功能可以帮助家长控制孩子接触不良游戏，并限制其玩游戏的时间，如图 1-9 所示。

图 1-9　选择需要进行"家长控制"的用户

1.4.3 Windows Media Center

图 1-10 Windows Media Center

Windows Media Center 是 Windows Vista 中新增加的多媒体功能。下面就简单介绍 Windows Media Center。

使用 Windows Media Center 菜单和远程控制系统在某个地方欣赏喜爱的数字娱乐节目，包括直播和录制的电视节目、电影、音乐和图片等，如图 1-10 所示。Windows Vista 中的 Windows Media Center 具有增强功能，包括对数字和高清晰度有线电视以及改进的菜单系统的扩展支持，创建消费者-电子-质量起居室体验的能力，以及通过 Media Center Extender（包括 Microsoft Xbox 360）进行多房间访问的新选项。

1.4.4 Internet Explorer 7

图 1-11 Internet Explorer 7 界面

Web 源、选项卡式浏览和始终可用的搜索只是 Internet Explorer 7 中新功能的一部分。

Web 源提供网站更新的内容，可以订阅源自动传递到用户的 Web 浏览器。使用源，可以获得如新闻或博客更新的内容，而无须转到网站；使用选项卡式浏览可以在一个浏览器窗口中打开多个网站，用户可以在新选项卡上打开网页或链接，然后通过单击选项卡标签在网页之间进行切换。如图 1-11 所示是 Internet Explorer 7 界面。

BASIC

1.5 安装 Windows Vista 系统

下面向用户详细介绍如何安装 Windows Vista。在安装系统之前，首先需要了解安装系统对配置的要求，然后再进行系统的安装。

1.5.1 安装系统的配置要求

用户在安装 Windows Vista 系统之前，首先需要了解安装 Windows Vista 系统要求的硬件配置，这样就能够避免因计算机配置不符而不能够安装系统的情况。如表 1-1 所示是安装 Windows Vista 系统的硬件配置要求。

表 1-1　安装 Windows Vista 系统的硬件配置

硬件名称	最低配置要求	推荐配置要求
CPU	奔腾 800MHz 的处理器	1GHz 的 64 位 (x64) 处理器
内存条	512MB	1GB
显卡	支持 Direct X9.0，64MB 显存	支持 Direct X9.0，128MB 独立显卡
安装磁盘空间	8GB	15GB

1.5.2　开始安装系统

用户了解了安装 Windows Vista 操作系统的最低配置要求和推荐配置要求之后，接下来就开始学习安装系统的方法。

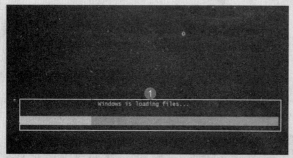

图 1-12　读取光盘文件

1 读取光盘文件

❶ 将 Windows Vista 的安装盘放入到光驱中，然后重启计算机，并按下 Esc 键选择光驱启动，这时系统就会对光盘进行检测，并读取光盘中的文件，如图 1-12 所示。

图 1-13　系统自检

2 系统自检

❶ 计算机会对系统进行检测，如图 1-13 所示。

图 1-14　选择要安装的语言

3 选择要安装的语言

❶ 在进入界面的"要安装的语言"下拉列表中，选择"中文"选项，如图 1-14 所示。

❷ 单击"下一步"按钮。

图 1-15 现在安装系统

4 现在安装系统

❶ 在进入的界面中单击"现在安装"按钮,如图 1-15 所示。

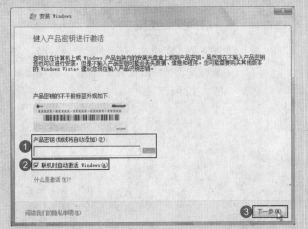

图 1-16 输入密匙

5 输入密匙

❶ 进入到"键入产品密匙进行激活"界面后,用户在"产品密匙"文本框中输入产品密匙。

❷ 勾选"联机时自动激活 Windows"复选框。

❸ 单击"下一步"按钮,如图 1-16 所示。

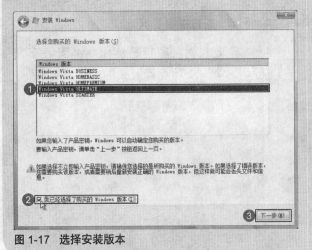

图 1-17 选择安装版本

6 选择安装版本

❶ 进入到"选择您购买的 Windows 版本"界面后,用户在"Windows 版本"列表框中选择需要安装的版本,这里选择"Windows Vista ULTIMATE"版本。

❷ 勾选"我已经选择了购买的 Windows 版本"复选框。

❸ 单击"下一步"按钮,如图 1-17 所示。

Lesson 1　Lesson 2　Lesson 3　Lesson 4　Lesson 5

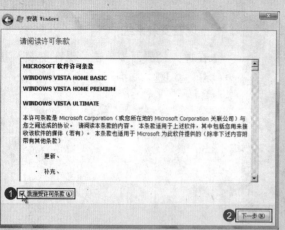

图 1-18　阅读许可条款

7 阅读许可条款

❶ 进入到"请阅读许可条款"界面后，勾选"我接受许可条款"复选框。

❷ 单击"下一步"按钮，如图 1-18 所示。

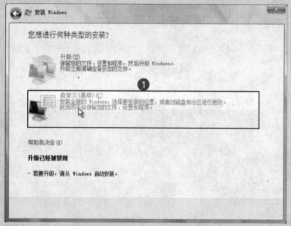

图 1-19　选择安装类型

8 选择安装类型

❶ 进入到"您想进行何种类型的安装"界面后，选择"自定义（高级）"选项，如图 1-19 所示。

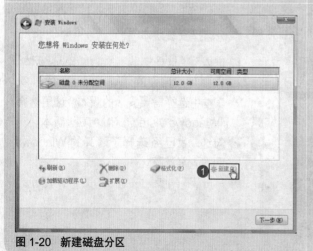

图 1-20　新建磁盘分区

9 新建磁盘分区

❶ 进入到"您想将 Windows 安装在何处？"界面后，单击"新建"选项，如图 1-20 所示。

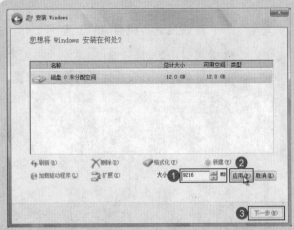

图 1-21　设置磁盘空间大小

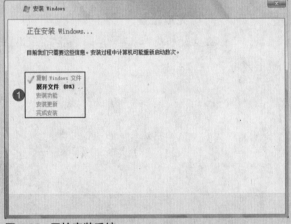

图 1-22　开始安装系统

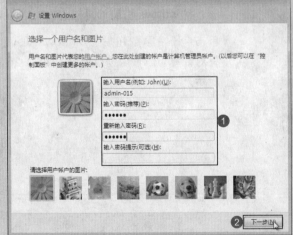

图 1-23　设置密码

10 设置磁盘空间大小

❶ 单击"新建"选项后，在"大小"数值框中输入新磁盘分区的大小。

❷ 单击"应用"按钮，如图 1-21 所示。

❸ 按照同样的方法对其他的磁盘进行分区，设置完毕后，单击"下一步"按钮。

11 开始安装系统

❶ 单击"下一步"按钮后，即可开始安装 Windows Vista，如图 1-22 所示。

12 设置密码

❶ 稍等片刻后，系统提示用户选择一个用户名和图片，如图 1-23 所示。在"输入密码"和"重新输入密码"文本框中输入密码。

❷ 单击"下一步"按钮。

Lesson 1　Lesson 2　Lesson 3　Lesson 4　Lesson 5

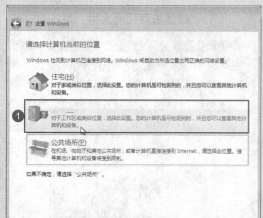

图 1-24 设置计算机当前的位置

图 1-25 完成设置

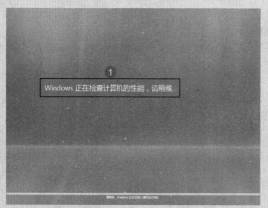

图 1-26 Windows 检测计算机的性能

13 设置计算机当前的位置

❶ 进入到"请选择计算机当前的位置"界面后,用户可以设置计算机当前的位置,这里选择"工作"选项,如图 1-24 所示。

14 完成设置

❶ 单击"开始"按钮,如图 1-25 所示。

15 Windows 检测计算机的性能

❶ 单击"开始"按钮后,Windows Vista 将对计算机的性能进行检查,如图 1-26 所示。

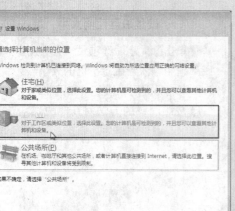

图 1-27 输入登录密码

16 输入登录密码

❶ Windows Vista 对计算机的性能检查完毕后，即可进入登录界面。如果用户之前设置了密码，则系统会提示用户输入密码，如图 1-27 所示。

❷ 单击右侧的箭头按钮，即可登录 Windows Vista。

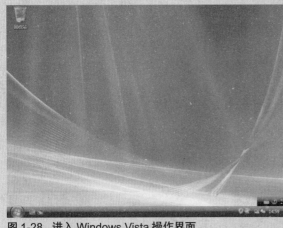

图 1-28 进入 Windows Vista 操作界面

17 进入 Windows Vista 操作界面

❶ 登录 Windows Vista 操作系统后的效果如图 1-28 所示。

1.6 计算机的基础操作

打开或关闭电脑电源的顺序是：在启动电脑时，应该先打开电脑的显示器、打印机和扫描仪等外部设备的电源，再打开电脑主机电源；在关闭电脑的时候正好相反，应先关闭电脑主机电源，再关闭外部设备的电源。在退出 Windows Vista 操作系统的时候，用户还可以根据不同需要进行不同的退出操作，其中包括重新启动电脑、休眠、待机以及注销等操作。

1.6.1 正确地关闭计算机

当长时间不使用电脑或者是工作结束之后，需要退出 Windows Vista 操作系统并关闭电脑时，应首先关闭所有程序，再自动退出 Windows Vista 操作系统，最后关闭电源。

Lesson 1

Lesson 2

Lesson 3

Lesson 4

Lesson 5

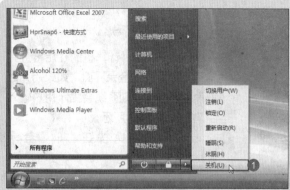

图 1-29　关闭计算机

方法一

❶ 关闭计算机。单击桌面上的"开始"按钮，在弹出的菜单中，指向"锁定该计算机"按钮右侧的三角按钮，在弹出的列表中单击"关机"选项，如图 1-29 所示。

图 1-30　显示关机时的画面

❷ 显示关机时的画面。单击"关机"选项后，计算机将自动关闭，如图 1-30 所示显示的是计算机正在关机。

图 1-31　关闭计算机

方法二

❶ 按下组合键 Ctrl+Alt+Delete。
❷ 切换至如图 1-31 所示的界面，单击"关机"按钮，同样也可以将计算机关闭。

1.6.2　重新启动计算机

用户在安装完某些软件或者是电脑处理数据的速度变慢时，则需要对电脑重新启动，重新启动电脑的方法和关闭电脑的方法一样，具体的操作步骤如下。

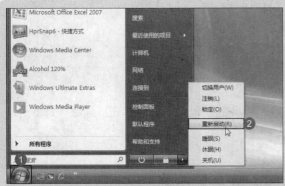

图 1-32　重启计算机

方法一

❶ 单击桌面上的"开始"按钮，在弹出的菜单中指向"锁定该计算机"按钮右侧的三角按钮。

❷ 在弹出的列表中单击"重新启动"选项，如图 1-32 所示。

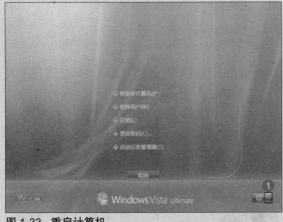

图 1-33　重启计算机

方法二

❶ 按下组合键 Ctrl+Alt+Delete，切换至如图 1-33 所示的界面，单击右下角的"关机选项"按钮。

❷ 在弹出的列表中单击"重新启动"选项，也可以将计算机重新启动。

1.6.3　休眠与睡眠

电脑处于"休眠"状态的时候，是处于低功耗但又保持立即可用的状态，这样可以快速恢复系统会话状态。

处于睡眠状态的时候，电脑内存中的信息并不保存到硬盘中，如果电脑断电，内存的信息将会丢失，所以让电脑进入到睡眠状态时，需要做好保存工作，休眠则会将当前所有内存中的信息写入硬盘中。

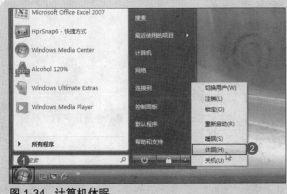

图 1-34　计算机休眠

使电脑休眠

❶ 单击桌面上的"开始"按钮，在弹出的菜单中指向"锁定该计算机"按钮右侧的三角按钮。

❷ 在弹出的列表中单击"休眠"选项，如图 1-34 所示。

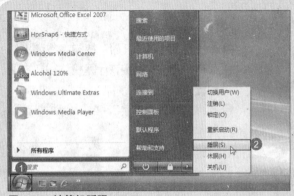

图 1-35　计算机睡眠

2 使电脑睡眠

❶ 单击桌面上的"开始"按钮, 在弹出的菜单中指向"锁定该计算机"按钮右侧的三角按钮。

❷ 在弹出的列表中单击"睡眠"命令, 如图 1-35 所示。

动手练一练 | 锁定计算机

如果用户因有急事需要离开, 但是又不希望计算机进行系统注销, 这时可以将计算机锁定, 锁定计算机具体的操作步骤如下。

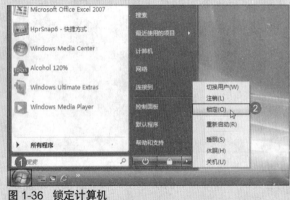

图 1-36　锁定计算机

1 锁定计算机

❶ 单击桌面上的"开始"按钮, 在弹出的菜单中指向"锁定该计算机"按钮右侧的三角按钮。

❷ 在弹出的列表中单击"锁定"选项, 如图 1-36 所示。

图 1-37　显示登录界面

2 显示登录界面

❶ 此时, 计算机则返回了登录界面, 如图 1-37 所示。

高手点拨

虽然返回到了登录界面, 但是运行的文档或程序仍然在运行。

PRACTICE

1.7 知识点综合运用——切换与注销用户

注销时系统将关闭所有文件和程序，并返回到欢迎界面，以便其他用户能登录电脑。Windows 操作系统还可以进行多用户的切换，计算机的注销与快速切换用户的方法介绍如下。

1．切换用户

切换用户是在不影响当前用户程序运行的情况下，就可以直接切换至其他用户的运行环境的功能。切换用户的方法如下。

图 1-38　在计算机中切换用户

1 在计算机中切换用户

❶ 单击桌面上的"开始"按钮，在弹出的菜单中，指向"锁定该计算机"按钮右侧的三角按钮。

❷ 在弹出的列表中单击"切换用户"选项，如图 1-38 所示。

图 1-39　选择用户账户

2 选择用户账户

❶ 单击"切换用户"选项后，系统将返回到登录界面，选择需要登录的用户即可，如图 1-39 所示。

2．注销用户

注销用户是指关闭当前用户运行的所有程序，但并不退出系统。注销用户的具体操作步骤如下。

图 1-40　注销用户

1 注销用户

❶ 单击桌面上的"开始"按钮，在弹出的菜单中指向"锁定该计算机"按钮右侧的三角按钮。

❷ 在弹出的列表中单击"注销"选项，如图 1-40 所示。

Lesson 1　Lesson 2　Lesson 3　Lesson 4　Lesson 5

2 选择用户账户

❶ 单击"注销"选项后，系统同样将返回到登录界面。选择需要登录的用户，如图 1-41 所示。

图 1-41 选择账户

新手提问

❶ 利用计算机可以干什么？

答：在工作中，可以用计算机进行数据的记录、分析和研究，以及项目的管理；在家里，可以利用计算机查找信息、存储图片和音乐、跟踪财务、玩游戏、与他人交流等。

❷ 什么是启动修复？

答：启动修复是 Windows 的恢复工具，它可以修复某些可能阻止 Windows 正常启动的问题，比如系统文件的丢失或损坏。运行启动修复后，此工具会扫描计算机，查找问题，然后尝试修复，这样计算机便可以正常启动了。如果在尝试运行启动修复时遇到问题，或如果计算机中不包含启动修复，则您的计算机制造商可能已经自定义或替换了此工具。

❸ 为什么计算机不能快速地打开或关闭？

答：如果注意到计算机的关机缓慢（或根本不能关机）、启动缓慢和拒绝进入节能模式，就可能是程序或设备驱动程序妨碍了 Windows 电源设置。可以使用"性能信息和工具"尝试检测这些程序或设备驱动程序。

❹ 什么是安全模式？

答：安全模式是 Windows 的故障排除选项，该模式在限制状态下启动计算机，仅启动运行 Windows 所必需的基本文件和驱动程序。"安全模式"字样出现在显示器的一角，标识您正在使用的是 Windows 安全模式。

❺ 安全模式下加载哪些驱动程序？

答：只加载使用安全模式启动 Windows 时需要的基本的驱动程序和服务。

⑥　什么是睡眠状态？

答：睡眠是一种节能状态。睡眠状态可保存所有打开的文档和运行着的程序，当需要再次开始工作时，可使计算机快速恢复全功率工作状态（通常在几秒钟之内）。睡眠状态就像是暂停 DVD 播放器，它可以立即停止正在执行的操作，并且准备好在恢复工作状态时再次启动。

⑦　睡眠是如何工作的？

答：在台式计算机上单击"开始"按钮并在开始菜单中单击 ▆ ⏻ ▆ 按钮，Windows 可将所有打开的文档和程序保存到内存中。睡眠需要极少的电量（大约与小夜灯相同）并可以在几秒钟之内恢复工作状态。

⑧　如何唤醒计算机？

答：在大多数计算机上，可以通过按硬件电源按钮恢复工作状态。但是，并不是所有的计算机都是这样的，还可以通过按任意键、单击鼠标或打开移动 PC 的盖子来唤醒计算机。

Lesson 1

Lesson 2

Lesson 3

Lesson 4

Lesson 5

Lesson

初识 Windows Vista

02

本课建议学习时间

本课学习时间为 60 分钟，其中建议分配 45 分钟学习 Windows Vista 的桌面操作、"开始"菜单的介绍以及边栏的使用和设置方法，分配 15 分钟观看视频教学并进行练习。

学完本课后您将可以

- 掌握 Windows Vista 的桌面操作
- 了解"开始"菜单 重点
- 掌握边栏的使用和设置方法 难点

▶ 安装"清华紫光"输入法

▶ 窗口界面

▶ 还原语言栏

主要知识点视频链接

BASIC

2.1 初识 Windows Vista 桌面

在第1课中主要向用户介绍了电脑的发展历史，Windows Vista 系统的安装以及设置电脑状态的基础操作。当用户启动计算机后，首先进入眼帘的就是桌面，在桌面上主要包含了桌面区域、边栏和任务栏。

2.1.1 桌面的简介

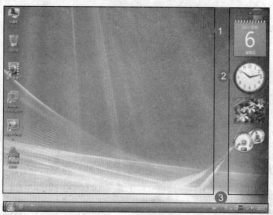

图 2-1 计算机桌面

桌面是打开计算机并登录到 Windows 之后看到的主屏幕区域。就像实际桌面一样，它是用户的工作平面，如图 2-1 所示。打开程序或文件夹时，它们便会出现在桌面上，还可以将一些项目（如文件和文件夹）放在桌面上，并且可以随意排列它们，桌面功能及其作用如表 2-1 所示。

表 2-1　桌面窗口

编　号	名　称	功能及作用
❶	桌面	放置应用程序、文件和文件夹图标的地方
❷	边栏	放置了一些小工具，提供即使信息或者访问常用工具的具体途径
❸	任务栏	任务栏是位于屏幕底部的水平长条，用于显示打开的程序和文档

2.1.2 "开始"菜单

图 2-2　开始菜单

"开始"菜单是计算机程序、文件夹和设置的组门户，如图 2-2 所示。之所以叫"开始"菜单，是因为它提供了一个选择列表，里面罗列出用户经常需要启动或者打开某些内容的位置。"开始"菜单的功能和作用如表 2-2 所示。

使用开始菜单可以进行以下常见的操作：

1. 启动程序
2. 打开常用的文件夹
3. 搜索文件、文件夹或者程序
4. 调整计算机的设置
5. 获取 Windows 的帮助信息
6. 关闭计算机
7. 注销 Windows 或切换至其他用户账户

表 2-2 "开始"菜单

编　号	名　称	功能及作用
❶	"开始"菜单	左边的最大的窗格显示计算机上的程序的列表
❷	"搜索"框	通过输入搜索选项可以在计算机上查找文件或者程序
❸	"开始"按钮	单击该按钮，可以打开"开始"菜单

2.1.3　任务栏

任务栏包含"开始"按钮和所有已打开的程序的按钮以及系统通知区，如图 2-3 所示。在默认情况下，任务栏位于桌面的底部。任务栏的功能及作用如表 2-3 所示。

图 2-3　任务栏

表 2-3　任务栏

编　号	名　称	功能及作用
❶	"开始"按钮	单击该按钮打开"开始"菜单
❷	应用程序区	每次启动 Windows 中的应用程序或者打开窗口时，就会出现代表该程序的按钮，其中代表当前活动的按钮呈被选中的状态。
❸	系统通知区	可以显示活动紧急的通知图标，并能隐藏不活动的图标。

2.1.4　快速启动栏

快速启动栏是一种包含常用程序快捷方式的任务栏区域，如图 2-4 所示。默认情况下，"快速启动"工具栏位于"开始"按钮的右侧，用户单击快速启动工具栏中的程序即可快速启动程序。

图 2-4　"快速启动"工具栏

2.2　窗口及窗口的操作

在一小节中向用户介绍了 Windows Vista 的桌面，下面就详细介绍 Windows Vista 中的窗口以及关于窗口的操作。

2.2.1 窗口界面

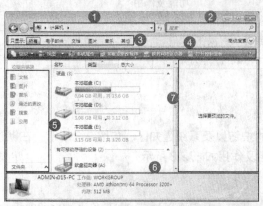

图 2-5 "计算机" 窗口

在 Windows Vista 中，打开一个应用程序或者文件、文件夹后，将在屏幕上弹出一个矩形区域，这就是窗口，如图 2-5 所示。接下来就详细介绍窗口的组成，"计算机" 窗口中各部分的功能及作用如表 2-4 所示。

表 2-4 "计算机" 窗口中各部分的功能及作用

编 号	名 称	功能及作用
❶	地址栏	显示当前窗口的位置或者是文件夹的路径
❷	"搜索" 框	使用 "搜索" 框是在计算机上查找项目的最便捷方法之一
❸	菜单栏	菜单栏位于地址栏的下方，其中包含 6 个菜单项，选择其中某一个菜单项的时候即可执行相应的操作任务
❹	工具栏	工具栏位于菜单栏的下方，其中有很多工具按钮，单击相应的按钮即可使用相应的功能
❺	导航窗格	方便用户查找所需文件或文件夹的路径
❻	详细信息面板	方便用户快速查看所选文件的详细信息
❼	预览窗格	方便用户查看窗口工作区的文件

2.2.2 Windows Vista 的窗口操作

每个窗口标题的右侧都有 "最小化"、"最大化" 和 "关闭" 3 个按钮。接下来就介绍如何将窗口进行最小化、最大化的操作。

1．窗口最小化

当用户不需要显示但又同时运行当前窗口时，那么就将该窗口进行最小化操作。

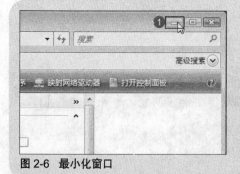

图 2-6 最小化窗口

最小化窗口

❶ 单击打开的窗口右上角的 "最小化" 按钮 ▭，如图 2-6 所示，将窗口最小化。

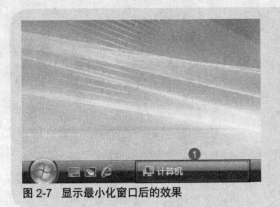

图 2-7　显示最小化窗口后的效果

2 显示最小化窗口后的效果

❶ 经过前面的操作步骤，最小化后的窗口就只显示了窗口标题，如图 2-7 所示。

TIPS

高手点拨

用户只需要单击最小化窗口的窗口标题即可还原。

2．窗口最大化

如果用户打开的窗口是悬浮于桌面上的，以至于不能将窗口中的内容全部显示出来，那么就可以将窗口最大化。

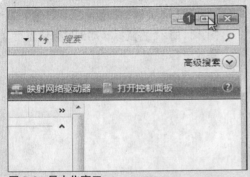

图 2-8　最大化窗口

方法一：单击"最大化"按钮

❶ 单击打开的窗口右上角的"最大化"按钮，如图 2-8 所示，将窗口最大化。

图 2-9　双击窗口标题栏

方法二：双击标题栏

❶ 当窗口处于非最大化状态时，双击标题栏即可将窗口最大化，如图 2-9 所示。

3．窗口的移动

如果打开的窗口挡住了所需查看的桌面内容，那么可以对其进行移动操作。具体的方法如下。

Lesson 1　Lesson 2　Lesson 3　Lesson 4　Lesson 5

激活窗口

❶ 将鼠标移动至需要移动的窗口的标题栏上，单击鼠标左键，激活窗口，如图2-10所示。

图 2-10 激活窗口

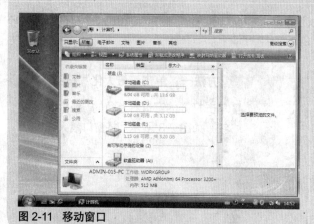

移动窗口

❶ 激活窗口后，按住鼠标左键不放。

❷ 拖动鼠标，此时窗口也会随之移动，如图2-11所示，将鼠标移动到目标位置后，释放鼠标。

图 2-11 移动窗口

4. 调整窗口大小

如果需要改变窗口的大小,只需将鼠标指针移动至窗口边框处,拖动鼠标即可。具体的操作步骤如下。

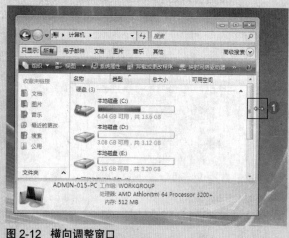

横向调整窗口

❶ 将鼠标指针移动到窗口的右侧边框处，当鼠标指针呈双箭头状时，如图2-12所示，按住鼠标左键不放向左或者向右拖动鼠标来调整窗口的大小。

图 2-12 横向调整窗口

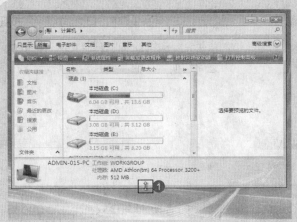

图 2-13 纵向调整窗口

② 纵向调整窗口

❶ 将鼠标指针移动至窗口的下边框处。当鼠标指针呈双箭头状时，按住鼠标左键不放向上或者向下拖动鼠标，即可调整窗口的高度，如图 2-13 所示。

图 2-14 同时调整窗口宽度和高度

③ 同时调指针整窗口宽度和高度

❶ 将鼠标指针移动到窗口的右下角。当鼠标指针呈双箭头的时候，按住鼠标左键不放，向左上或者右下拖动鼠标，即可同时调整窗口的宽度和高度，如图 2-14 所示。

5. 窗口的切换

当同时打开了多个窗口时，如果需要在窗口间切换，那么可以单击任务栏中的程序最小化图标，或者按快捷键 Alt + Tab 等方法进行窗口切换的操作。具体的操作如下。

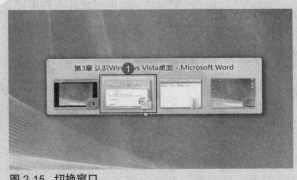

图 2-15 切换窗口

方法一：使用组合键切换窗口

❶ 按住键盘上的 Alt 键不放，再按下 Tab 键，这时在桌面上就会显示出所有的程序列表框，如图 2-15 所示，用户按一次 Tab 键，就会向下切换一个窗口，当前的窗口的四周呈高亮状态，选定目标窗口后，松开按键即可实现窗口的切换。

Lesson 1　Lesson 2　Lesson 3　Lesson 4　Lesson 5

图 2-16 单击"在窗口之间切换"按钮

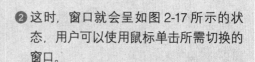

方法二：使用"在窗口之间切换"按钮

❶ 单击"快速启动"工具栏中的"在窗口之间切换"按钮，如图 2-16 所示。

图 2-17 选择窗口

❷ 这时，窗口就会呈如图 2-17 所示的状态，用户可以使用鼠标单击所需切换的窗口。

T!PS

高手点拨

只有在启用了 Windows Aero 之后才会出现该效果。

 动手练一练 │ 关闭窗口

当不需要使用或者查看窗口时，即可将该窗口关闭。关闭窗口有很多种方法，下面就具体介绍关闭窗口的两种方法。

图 2-18 单击"关闭"按钮关闭程序

方法一：使用"关闭"按钮关闭窗口

❶ 将鼠标指针移动到窗口右上角。单击"关闭"按钮，即可关闭当前窗口，如图 2-18 所示。

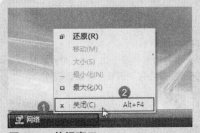

图 2-19 关闭窗口

方法二：使用快捷菜单关闭窗口

❶ 右击任务栏中的程序最小化图标。

❷ 在弹出的快捷菜单中单击"关闭"命令，如图 2-19 所示。

2.3 语言栏与输入法

语言栏是一种工具栏，添加文本服务时，它会自动出现在桌面上，例如输入语言、键盘布局、手写识别、语言识别或输入法编辑器 (IME)。语言栏提供了从桌面快速更改输入语言或键盘布局的功能。可以将语言栏移动到屏幕的任何位置，也可以最小化到任务栏或隐藏它。语言栏上显示的按钮和选项集，可根据所安装的文本服务和当前处于活动状态的软件程序而更改。

2.3.1 还原语言栏

语言栏是显示在任务栏中的，如果需要将语言栏显示在桌面上，那么可以将其还原，具体的操作步骤如下。

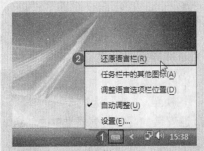

图 2-20 还原语言栏

1 还原语言栏

❶ 右击任务栏中的语言栏。

❷ 在弹出的快捷菜单中单击"还原语言栏"命令，如图 2-20 所示。

图 2-21 显示语言栏

2 显示还原的语言栏

❶ 经过操作后，就将语言栏还原了，还原语言栏后的效果如图 2-21 所示。

TIPS

高手点拨

关于语言栏的设置，用户可以通过"区域和语言选项"对话框进行设置。

Lesson 1 Lesson 2 Lesson 3 Lesson 4 Lesson 5

图 2-22 最小化语言栏

2.3.2 添加输入法

在 Windows Vista 中默认的输入法是微软拼音输入法，系统中还自带了很多输入法。下面介绍添加输入法的方法。

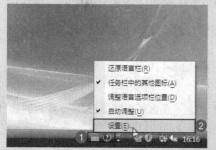

图 2-23 打开"文本服务和输入语言"对话框

高手点拨

如果需要将语言栏最小化，那么可以单击语言栏中的"最小化"按钮，如图 2-22 所示。

1 打开"文本服务和输入语言"对话框

❶ 右击任务栏中的语言栏。

❷ 在弹出的快捷菜单中单击"设置"命令，如图 2-23 所示。

图 2-24 打开"添加输入语言"对话框

2 打开"添加输入语言"对话框

❶ 在弹出的"文本服务和输入语言"对话框中，切换至"常规"选项卡下。

❷ 单击"已安装的服务"列表框中的任意输入法。

❸ 单击"添加"按钮，如图 2-24 所示。

图 2-25 选择添加的输入语言

3 选择添加的输入语言

❶ 在弹出的"添加输入语言"对话框中，单击"中文（中国）"左侧的展开按钮。再展开"键盘"选项，最后勾选需要添加的输入语言前的复选框，如图 2-25 所示。

❷ 设置完毕后，单击"确定"按钮。

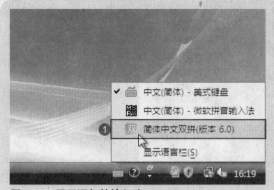

图 2-26　显示添加的输入法

4 显示添加的输入法

❶ 经过操作后，则添加了"简体中文双拼"输入法，如图 2-26 所示。

动手练一练 ｜ 安装"清华紫光"输入法

如果用户觉得 Windows 自带的输入法使用起来不习惯，那么还可以安装第三方输入法。下面就以安装"清华紫光"输入法为例，详细介绍第三方输入法的安装方法。

图 2-27　打开"紫光拼音输入法 3.0"向导对话框

1 打开"紫光拼音输入法 3.0"对话框

❶ 打开输入法安装文件的文件夹。双击安装文件"Setup"图标，如图 2-27 所示。

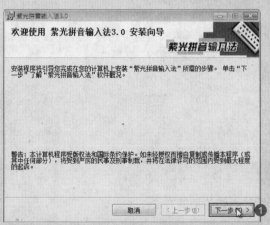

图 2-28　根据向导提示开始安装输入法

2 开始安装输入法

❶ 在弹出的"紫光拼音输入法 3.0"对话框中，单击"下一步"按钮，如图 2-28 所示。

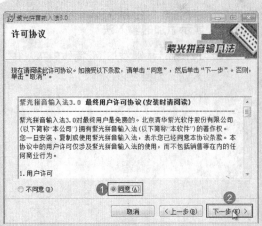

图 2-29 同意许可协议

同意许可协议

❶ 在弹出的"紫光拼音输入法 3.0"对话框中，单击"同意"单选按钮。

❷ 单击"下一步"按钮，如图 2-29 所示。

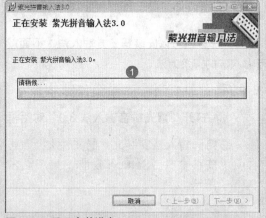

图 2-30 显示安装进度

显示安装进度

❶ 经过上一步操作之后，系统则会进行自动安装，并显示出安装进度，如图 2-30 所示。

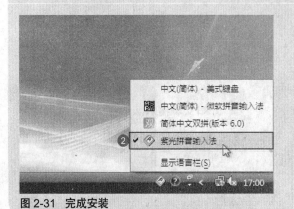

图 2-31 完成安装

完成安装

❶ 安装完毕后，系统会提示用户单击"关闭"按钮退出安装。

❷ 这时，可以单击语言栏中的"中文（简体）- 美式键盘"按钮，以查看安装的紫光拼音输入法。

2.3.3 输入法的切换

系统提供了很多种输入法供用户使用。下面就介绍输入法的切换方法。

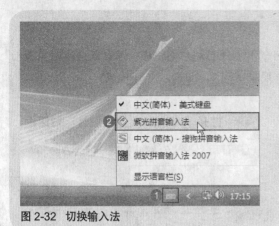

❶ 单击语言栏中的"中文（简体）- 美式键盘"按钮。

❷ 在弹出的列表中可以单击选择所需的输入法，如图 2-32 所示。

图 2-32　切换输入法

TIPS

高手点拨

用户还可以按下快捷键 Ctrl + Shift，来快速切换输入法。

BASIC

2.4　Windows Vista 边栏

边栏可以保留信息以及一些小工具，例如可以在打开程序旁边的新闻，这样如果在工作时发生的新闻事件，不需要停止当前的工作就可以切换到新闻网站了。下面就详细介绍边栏的使用方法。

2.4.1　启动边栏

在默认的设置下启动 Windows Vista，边栏将自动打开，如果用户不小心关闭了它，可以使用以下方法打开边栏。

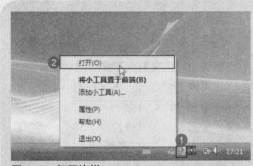

图 2-33　打开边栏

1 打开边栏

❶ 右击任务栏中的"Windows 边栏"图标。

❷ 在弹出的快捷菜单中单击"打开"命令，如图 2-33 所示，即可打开边栏。

图 2-34　显示打开边栏的效果

2 显示打开边栏的效果

❶ 这时，在桌面的右侧就显示出了边栏，打开边栏后的效果如图 2-34 所示。

TIPS

高手点拨

还可以单击"开始 > 所有程序 > 附件 > 边栏"命令来启动边栏。

Lesson 1
Lesson 2
Lesson 3
Lesson 4
Lesson 5

2.4.2 边栏的属性设置

如果要使边栏始终可见，或者是在启动 Windows 的时候不自动启动边栏，那么就必须对其进行设置，使其他窗口不会覆盖它。设置边栏的具体操作步骤如下。

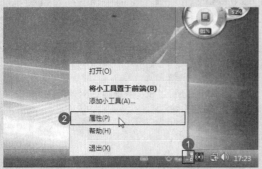

图 2-35 打开"Windows 边栏属性"对话框

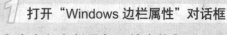打开"Windows 边栏属性"对话框

❶ 右击任务栏通知区域中的"Windows
边栏"图标 。
❷ 在弹出的快捷菜单中单击"属性"命令，
如图 2-35 所示，即可打开"Windows
边栏属性"对话框。

图 2-36 设置边栏的属性

2 设置边栏的属性

❶ 在弹出的"Windows 边栏属性"对话
框中，根据个人需求来对边栏的属性进
行设置。
❷ 单击"查看正在运行的小工具的列表"
按钮，如图 2-36 所示。

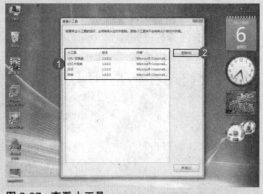

图 2-37 查看小工具

3 查看小工具

❶ 在弹出的"查看小工具"对话框中，用
户可以查看当前正在运行的小工具，如
图 2-37 所示。
❷ 如果需要删除其中的小工具，则选中目
标小工具，单击"删除"按钮。

2.4.3 添加和删除小工具

在 Windows 边栏中，用户是可以对小工具进行自定义的，例如添加或者是删除小工具。下面就简单介绍添加和删除小工具的方法。

1．添加小工具

如果在边栏中没有出现用户所需的小工具，那么就打开"小工具"对话框，选择并添加小工具，具体的方法如下。

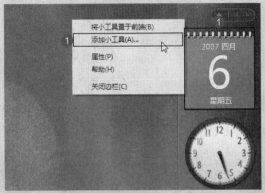

图 2-38 打开"小工具"对话框

打开"小工具"对话框

❶ 右击"Windows 边栏"中的空白处。在弹出的快捷菜单中单击"添加小工具"命令，如图 2-38 所示，即可打开小工具对话框。

Tips

高手点拨

单击边栏中"小工具"左侧的 ➕ 按钮也可以打开小工具对话框。

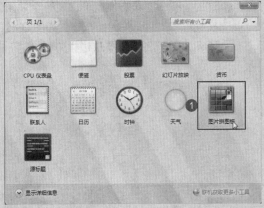

图 2-39 添加小工具

添加小工具

❶ 在弹出的小工具对话框中，右击需要添加到边栏中的小工具的图标。
❷ 在弹出的快捷菜单中单击"添加"命令，如图 2-39 所示，即可将小工具添加到边栏中。

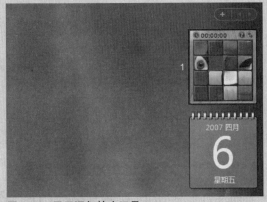

图 2-40 显示添加的小工具

显示添加的小工具

❶ 经过操作后，用户就将所需的小工具添加到了边栏中，添加小工具后的边栏的效果如图 2-40 所示。

2．关闭小工具

对于一些不常用或者根本不需要显示在边栏中的小工具，可以将其关闭。关闭小工具的方法如下。

Lesson 1

Lesson 2

Lesson 3

Lesson 4

Lesson 5

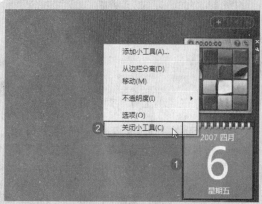

图 2-41 单击"关闭小工具"命令

图 2-42 单击"关闭"按钮

图 2-43 打开小工具对话框

方法一：使用快捷菜单关闭小工具

❶ 右击需要从边栏中关闭的小图标。

❷ 在弹出的快捷菜单中单击"关闭小工具"命令，如图 2-41 所示。

方法二：使用"关闭"按钮关闭

❶ 将鼠标指针移动至边栏中需要删除的小工具上。

❷ 这时，在小工具右侧就会出现一个关闭按钮，单击该"关闭"按钮，如图 2-42 所示，即可将小工具从边栏中删除。

PRACTICE

2.5 知识点综合运用——在边栏中添加"便笺"并输入内容

下面通过在边栏中添加"便笺"并输入内容为例，将本章的重要知识点进行一次简单练习。

1 打开"小工具"对话框

❶ 右击任务栏中的"Windows 边栏"图标。

❷ 在弹出的快捷菜单中单击"添加小工具"命令，如图 2-43 所示。

新视听课堂 电脑入门 轻松互动学

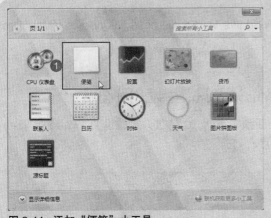

图 2-44 添加"便笺"小工具

添加"便笺"小工具

❶ 在弹出的小工具对话框中,双击"便笺"图标,如图 2-44 所示,即可将"便笺"添加到边栏中。

图 2-45 输入文本

输入文本

❶ 单击边栏中的便笺,然后切换输入法,并在便笺中输入所需的文本,如图 2-45 所示。

新手提问

❶ 为什么要使用边栏?

答:边栏可以保留信息和工具,供用户随时使用。例如,可以在打开程序的旁边显示新闻标题。这样,如果要在工作时跟踪发生的新闻事件,则无需停止当前工作就可以切换到新闻网站。使用边栏,可以使用源标题小工具显示所选资源中最近的新闻标题,且不必停止处理文档,因为标题始终可见。如果从外部看到感兴趣的标题,则可以单击该标题,Web 浏览器就会直接打开其内容。

❷ 源标题是如何工作的?

答:源标题可以显示网站中经常更新的标题,该网站可以提供"源"(也称为 RSS 源、XML 源、综合内容或 Web 源)。网站经常使用源来发布新闻和博客。默认情况下,源标题不会显示任何标题。

❸ 什么是 Windows Aero?

答:Windows Aero 是 Windows Vista 的完美视觉体验。它采用透明玻璃式设计,并有精美窗口动画和新的窗口颜色。

以下版本包含 Aero：Windows Vista Business、Windows Vista Enterprise、Windows Vista Home Premium 和 Windows Vista Ultimate。

④ 计算机已满足最低建议要求，但仍不能使用 Windows Aero，还需要做什么吗？

答：还需确保已将颜色值设为 32 位，监视器的刷新频率高于 10 赫兹，主题设为 Windows Vista，配色方案设为 Windows Aero，并且窗口框架透明度已打开。

⑤ 添加或删除"快速启动"工具栏？

答：右键单击任务栏上的空白区域，指向工具栏，然后单击"快速启动"。出现复选标记，指示"快速启动"工具栏在任务栏上可见。

⑥ 如何从"快速启动"工具栏或通知区域删除程序？

答：右键单击程序图标，然后在弹出的快捷菜单中单击"删除"命令。执行删除操作的命令选项可能名称不同，这取决于程序的制造商。例如，可能需要单击"退出"命令来删除任务栏中的快捷方式。

⑦ 什么是对话框？

答：对话框是一种特殊类型的窗口，可以提出问题，或者提供信息选择选项来执行任务。当程序或 Windows 需要进行响应以继续时，经常会看到对话框。

⑧ 如何使用 Flip 3D 特效？

答：按住 Windows 徽标键的同时按 Tab 键可打开 Flip 3D。当按住 Windows 徽标健时，重复按 Tab 键或滚动鼠标滚轮可以循环切换打开的窗口。还可以按向右键或向下键向前循环切换一个窗口，或者按向左键或向上键向后循环切换一个窗口。释放 Windows 徽标键可以显示最前面的窗口。单击任意窗口的任意部分也可以显示该窗口。

Lesson

正确使用鼠标与键盘

03

本课建议学习时间

本课学习时间为 60 分钟，其中建议分配 45 分钟学习鼠标和键盘的概念以及使用和设置方法，分配 15 分钟观看视频教学并进行练习。

学完本课后您将可以

▶ 鼠标和键盘的基础概念

▶ 鼠标的基础操作和设置 重点

▶ 键盘的基础操作和设置 难点

▶ 设置键盘属性

▶ 设置鼠标属性

▶ 使用鼠标打开 D 盘

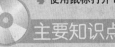

主要知识点视频链接

3.1 鼠标和手握鼠标的正确姿势

因为 Windows 的绝大部分操作是基于鼠标来实现的，因此在学习 Windows 之前就应首先学会使用鼠标。掌握了鼠标的使用，会大大提高工作效率。

1．鼠标的外观

鼠标的英文名字是 Mouse，因为其外观很像一只老鼠，所以就称其为鼠标。鼠标的操作主要是通过左、右两个按键和中间的滑轮来实现的，如图 3-1 所示。

图 3-1　鼠标

2．手握鼠标的正确姿势

手握鼠标时，不要太紧，感觉要像把手放在自己的膝盖上一样，使鼠标的后半部分恰好在掌中，食指和中指分别轻放在左右按键上，拇指和无名指轻夹两侧，如图 3-2 所示。

图 3-2　手握鼠标的正确姿势

3.2 鼠标的基础操作和设置

在上面一节中用户对鼠标和手握鼠标的基本姿势有了初步认识，为了能够符合个人的使用习惯，可以对鼠标进行设置。

3.2.1 鼠标的基础操作

在鼠标垫上移动鼠标，用户会看到显示屏上的光标也在移动，光标移动的距离取决于鼠标移动的距离，这样就可以通过鼠标来控制显示屏上光标的位置，此外鼠标的基本操作还包括单击、双击、右击等操作，下面进行详细介绍。

1．单击

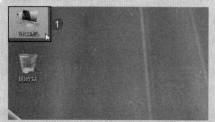

图 3-3　单击鼠标

❶单击是指用食指快速地按一下鼠标左键，然后马上松开。例如，将鼠标指针移动到"计算机"图标上，单击鼠标左键，使"计算机"图标呈选中状态，如图 3-3 所示。

2．双击

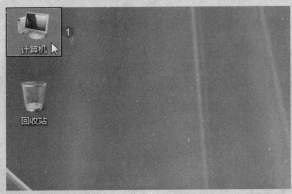

图 3-4　双击鼠标

1 双击"计算机"图标

❶ 双击是指用食指快速地按两下鼠标左键，例如，将鼠标指针移动到"计算机"图标上，双击鼠标左键，如图 3-4 所示。

TiPS

高手点拨

初次使用鼠标的用户要多练习双击动作，注意掌握好节奏，并区别开双击和两次单击。

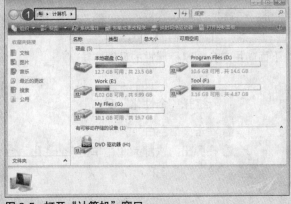

图 3-5　打开"计算机"窗口

2 打开"计算机"窗口

❶ 由于步骤 1 中双击"计算机"图标，因此就打开了"计算机"窗口，如图 3-5 所示。通常情况下，双击任意应用程序图标都会启动该程序。

3．右击

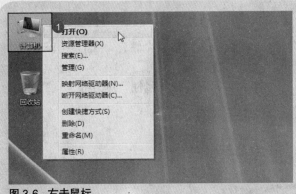

图 3-6　右击鼠标

❶ 右击就是单击鼠标右键。将鼠标指针移动到"计算机"图标上，单击鼠标右键，这时就会弹出一个快捷菜单，如图 3-6 所示。

动手练一练 | 拖动鼠标

在使用鼠标的时候，拖动鼠标的操作也是经常使用到的。下面就介绍拖动鼠标的方法。

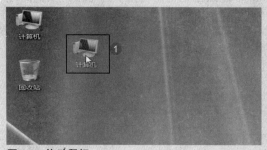

图 3-7 拖动鼠标

❶ 先移动光标到选定对象并单击，按住左键不要松开，通过移动鼠标将对象移到预定位置，然后松开左键，这样就可以将一个对象由一处移动到另一处了，如图 3-7 所示。

3.2.2 设置鼠标属性

在上面的小节中介绍了鼠标使用的基础操作。下面向用户介绍鼠标属性的设置方法。

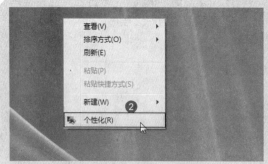

图 3-8 打开"个性化"窗口

1 **打开"个性化"窗口**

❶ 右击桌面空白处。

❷ 在弹出的快捷菜单中单击"个性化"命令，如图 3-8 所示。

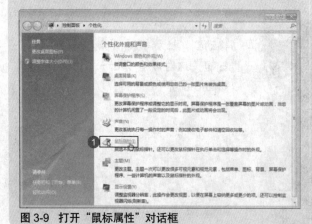

图 3-9 打开"鼠标属性"对话框

2 **打开"鼠标属性"对话框**

❶ 在弹出的"个性化"窗口中单击"鼠标指针"选项，如图 3-9 所示，即可打开"鼠标属性"对话框。

图 3-10 设置鼠标方案

Lesson 1
Lesson 2
Lesson 3
Lesson 4
Lesson 5

3 设置鼠标方案

❶ 在弹出的"鼠标属性"对话框中切换至"指针"选项卡下。

❷ 单击"方案"下拉按钮，在弹出的下拉列表中选择一种方案，如图 3-10 所示。

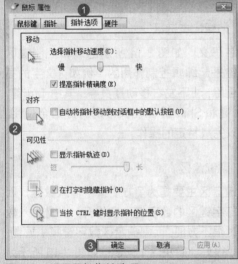

图 3-11 设置鼠标指针选项

4 设置鼠标指针选项

❶ 切换至"指针选项"选项卡下。

❷ 对鼠标指针的"移动"、"对齐"、"可见性"等选项进行设置。

❸ 设置完毕后，单击"确定"按钮，如图 3-11 所示。

TIPS

高手点拨

如果鼠标没有鼠标轮，将不会显示"轮"选项卡。

BASIC

3.3 键盘和键盘各部分功能介绍

使用电脑时，必须给电脑输入一些命令。目前，输入电脑命令最常用的设备有键盘和鼠标两种。尽管现在鼠标已经能完成相当一部分键盘的工作，但诸如文字和参数的输入仍只能靠键盘，同时，键盘还能代替鼠标完成所有的工作。

3.3.1 键盘

键盘是人机信息交互的一个重要工具。下面就简单介绍键盘的使用方法。

图 3-12　键盘

键盘

用户使用键盘可以进行文字和参数的输入，这些工作目前还只能够依靠键盘来实现，如图 3-12 所示为标准键盘。

3.3.2　键盘各部分功能介绍

按功能划分，键盘总体上可分为四个大区，分别为：主键盘区、编辑控制键区、功能键区和副键盘区。

图 3-13　主键盘区

1．主键盘区

主键盘区主要是用来进行文本编辑的键盘区域，其中包括 26 个英文字母的按键、10 个数字按键、退格键等，如图 3-13 所示。

图 3-14　编辑控制键区

2．编辑控制键区

顾名思义，如图 3-14 所示的编辑控制键区的键是起编辑控制作用的。例如，文字的插入删除，上下左右移动翻页等。其中 Ctrl 键、Alt 键和 Shift 键往往又与别的键结合使用，用以完成特定的操作。

图 3-15　副键盘区

3．副键盘区

该键盘区主要是为了方便集中输入数据，因为打字键区的数字键一字排开，大量输入数据时很不方便，而副键盘区数字键集中放置，可以很好地解决这个问题，如图 3-15 所示为副键盘区。

图 3-16　功能键区

4．功能键区

一般键盘上都有 F1 ～ F12 共 12 个功能键，如图 3-16 所示，有的键盘可能有 14 个。它们最大的一个特点是按相应的功能键即可完成一定的功能，如 F1 键往往被设成所运行程序的帮助键，现在有些电脑厂商为了进一步方便用户，还设置了一些特定的功能键，如单键上网、收发电子邮件、播放 VCD 等。

3.4　使用键盘的方法及其属性设置

了解了键盘的结构之后，接下来就向用户介绍键盘的使用方法和十个手指所对应的键盘上的键区，以及对键盘的设置方法。

3.4.1　使用键盘时的十指分工

即使有了鼠标，很多功能的实现还是要靠键盘来完成，因此，键盘的操作还是很重要的。学习电脑前一定要掌握键盘的正确使用方法，养成良好的习惯，这样会受益匪浅。如图 3-17 所示为键盘的十指分工图。

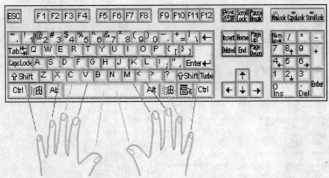

图 3-17　十指分工图

打字键区是平时最为常用的键区，通过它，可实现各种文字和控制信息的录入。打字键区的正中央有 8 个基本键，即左边的 A、S、D、F 键，右边的 J、K、L、；键，其中的 F、J 两个键上都有一个凸起的小棱杠，以便于盲打时手指能通过触觉定位。

基本键指法：开始打字前，左手小指、无名指、中指和食指应分别虚放在 A、S、D、F 键上，右手的食指、中指、无名指和小指应分别虚放在 J、K、L、；键上，两个大拇指则虚放在空格键上。基本键是打字时手指所处的基准位置，敲打其他任何键，手指都是从这里出发，而且打完后又须立即退回到基本键位。

其他键的手指分工：掌握了基本键及其指法后，就可以进一步掌握打字键区的其他键位了。左手食指负责的键位有 4、5、R、T、F、G、V、B 共八个键，中指负责 3、E、D、C 共四个键，无名指负责 2、W、S、X 键，小指负责 1、Q、A、Z 及其左边的所有键位。右手食指负责 6、7、Y、U、H、J、N、M 共八个键，中指负责 8、I、K 共三个键，无名指负责 9、O、L 共三个键，小指负责 0、P、；、/ 及其右边的所有键位。这么一划分，整个键盘的手指分工就一清二楚了，敲打任何键，只需把手指从基本键位移到相应的键上，正确输入后，再返回基本键位即可。

3.4.2　设置键盘属性

同样地，为了能够符合个人使用键盘的习惯，还可以对键盘进行设置。具体的方法如下。

图 3-18 打开"控制面板"窗口

1 打开"控制面板"窗口

❶ 单击桌面上的"开始"按钮。

❷ 在弹出的菜单中单击"控制面板"命令，如图 3-18 所示。

图 3-19 双击"键盘"图标

2 打开"键盘属性"对话框

❶ 在弹出的"控制面板"窗口中，双击"键盘"图标，如图 3-19 所示，即可打开"键盘属性"对话框。

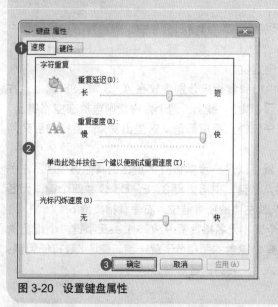

图 3-20 设置键盘属性

3 设置键盘属性

❶ 在弹出的"键盘属性"对话框中，切换至"速度"选项卡下。

❷ 对键盘的"字符重复"和"光标闪烁速度"进行设置。

❸ 设置完毕后，单击"确定"按钮，如图 3-20 所示。

PRACTICE

3.5 知识点综合运用——结合鼠标和键盘创建文件夹

在学习完本章的知识之后，下面以使用鼠标打开 D 盘并结合键盘创建文件夹为例，介绍键盘和鼠标操作的具体方法。

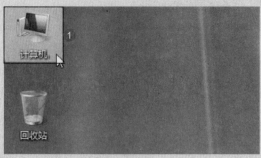

图 3-21　双击"计算机"图标

打开"计算机"窗口

❶ 将鼠标指针移动到桌面上"计算机"图标处。

❷ 双击"计算机"图标,如图 3-21 所示。

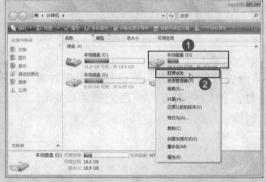

图 3-22　打开 D 盘

打开 D 盘

❶ 在打开的"计算机"窗口中右击"本地磁盘 D"。

❷ 在弹出的快捷菜单中单击"打开"命令,如图 3-22 所示。

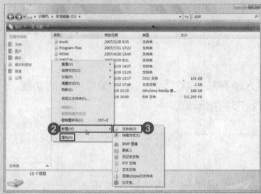

图 3-23　新建文件夹

新建文件夹

❶ 经过操作后,就打开了"本地磁盘 D",然后右击空白处。

❷ 在弹出的快捷菜单中指向"新建"命令。

❸ 在级联菜单中选择"文件夹的"命令,如图 3-23 所示。

图 3-24　显示创建的文件夹

显示创建的文件夹

❶ 这时在计算机中的 D 盘下就创建了一个新文件夹,如图 3-24 所示。

Lesson 1　Lesson 2　Lesson 3　Lesson 4　Lesson 5

Q&A 新手提问

❶ 安全使用鼠标有哪些注意事项？

答：正确握住并移动鼠标可有助于避免手腕、手和胳膊酸痛或受到伤害，特别是长时间使用计算机时。下面是有助于避免这些问题的一些注意事项：

（1）将鼠标放在与肘部水平的位置，上臂应自然下垂在身体两侧。

（2）不要紧捏或紧抓鼠标，要轻轻地握住。

（3）绕肘转动手臂移动鼠标，避免向上、向下或向侧面弯曲手腕。

（4）手指保持放松，不要悬停在按钮上方。

❷ 什么叫指向？

答：指向屏幕上的某个对象，则表示移动鼠标，从而使鼠标指针看起来已接触到该对象了。在指向某对象时，经常会出现一个描述该对象的小框。例如，在指向桌面上的回收站时，会出现包含"包含您已经删除的文件和文件夹。"信息的框。

❸ Shift 键有何用处？

答：在按住 Shift 键的同时输入字母将输入大写字母。同时按住 Shift 键与数字键时将键入在该键的上部分显示的符号。

❹ Caps Lock 键有何用处？

答：按一次 Caps Lock 键，所有字母都将以大写键入。再按一次 Caps Lock 键将关闭此功能。一般键盘上都有一个指示 Caps Lock 键是否处于打开状态的指示灯。

❺ Tab 键有何用处？

答：按 Tab 键会使光标向前移动几个空格，还可以按 Tab 键使焦点移动到表单中的下一个选项。

❻ Enter 键有何用处？

答：按 Enter 键可将光标移动到下一行开始的位置。在对话框中，按 Enter 键将选择突出显示的按钮。

❼ 空格键有何用处？

答：按空格键会使光标向后移动一个空格。

❽ Backspace 键有何用处？

答：按 Backspace 键将删除光标前面的字符或选择的文本。

Lesson

使用文件和文件夹

04

本课建议学习时间

本课学习时间为 60 分钟，其中建议分配 10 分钟学习文件和文件夹的概念以及区别，30 分钟学习文件和文件夹的操作方法，分配 15 分钟观看视频教学并进行练习。

▶ 查看文件和文件夹信息

学完本课后您将可以

▶ 掌握文件和文件夹的基础操作

▶ 掌握隐藏与显示文件 / 文件夹的方法 重点

▶ 掌握查看文件 / 文件夹大小的方法

▶ 掌握文件 / 文件夹的搜索方法 难点

▶ 更改文件夹图标

▶ 隐藏文件夹

主要知识点视频链接

BASIC

4.1 文件 / 文件夹的区别

在计算机中，文本文档、电子表格、数字图片，甚至歌曲都属于文件。例如，使用数码照相机拍摄的每张照片都是一个单独的文件，音乐 CD 可能包含若干个歌曲文件。

文件名称由文件名和扩展名两部分组成，并且两者之间用圆点分开。不同类型的文件通过不同的扩展名予以区分。

计算机使用图标表示文件。通过查看文件图标，即可看出文件的种类，如图 4-1 所示。

Autumn Leaves　　　　李 丽　　　　新建文本文档
图片　　　　　　**联系人**　　　　**文本文档**

图 4-1　文件图标

文件夹是一个帮助用户整理文件的容器。文件夹中包含的文件夹通常称为"子文件夹"。可以创建任何数量的子文件夹，每个子文件夹中又可以容纳任何数量的文件和其他子文件夹。典型的文件夹图标如图 4-2 所示。

空文件夹　　　　图片
空文件夹　　**包含文件的文件夹**

图 4-2　文件夹图标

文件夹窗口的组成部分

如果在桌面上打开文件夹，就会显示出文件夹窗口。除了显示文件夹中的内容外，文件夹窗口还包含了很多部分，旨在帮助用户浏览 Windows 或更加方便地使用文件和文件夹。下面是一个典型的文件夹窗口及其所有组成部分，如图 4-3 所示。

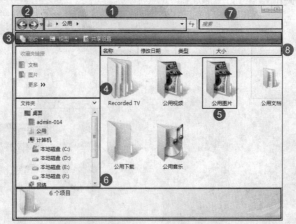

图 4-3　文件夹窗口的组成

① 导航窗格：与"地址"栏一样，"导航"窗格允许将当前视图更改为其他文件夹的视图。

② 后退、前进按钮：使用"后退"和"前进"按钮导航到已经打开的其他文件夹，且无须关闭当前窗口。

③ 工具栏：可以使用工具栏执行常见任务，如更改文件和文件夹的外观、将文件复制到 CD 或启动数字图片的幻灯片放映。

④ 地址栏：可导航到不同的文件夹。

⑤ 标题：使用列标题可以更改文件列表中文件的整理方式。

⑥ 文件列表：显示当前文件夹内容存放的位置。

⑦ "搜索"框：在"搜索"框中键入词或短语可查找到当前文件夹中存储的文件或子文件夹。

⑧ 详细信息窗格：显示与所选文件相关联的最常见属性。文件属性是关于文件的信息，如作者、上一次更改文件的日期，以及可能已添加到文件中的所有描述性标记等。

 动手练一练 | 查看文件和文件夹详细信息

要想查看文件和文件夹的详细信息，只需在文件夹窗口中以"详细信息"的方式查看文件和文件夹即可，这样便于用户查阅文件。

图 4-4　文件和文件夹详细信息

本节将对查看文件和文件夹详细信息进行练习，如图 4-4 所示。通过学习如何将文件夹以各种方式查看，例如本练习中的查看详细信息的方式，方便用户以后熟练查阅各种文件。

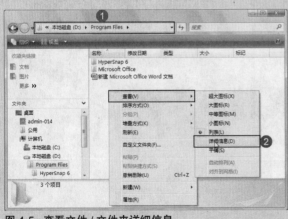

图 4-5　查看文件 / 文件夹详细信息

1 查看文件 / 文件夹详细信息

① 打开 D 盘中的 Program Files 文件夹。

② 在窗口空白处右击鼠标，在弹出的快捷菜单中执行"查看 > 详细信息"命令，如图 4-5 所示。

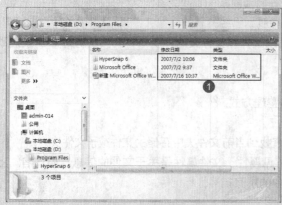

图 4-6　显示文件 / 文件夹的详细信息

2 显示文件 / 文件夹的详细信息

❶ 可以看到窗口右侧的文件和文件夹显示出了"修改日期"、"类型"、"大小"等详细信息，如图 4-6 所示。

4.2　文件和文件夹的基本操作

文件和文件夹的基础操作包括新建文件 / 文件夹、创建文件 / 文件夹快捷方式、选定文件 / 文件夹、移动与复制文件 / 文件夹、重命名文件 / 文件夹、删除与恢复文件 / 文件夹等。下面主要介绍对文件夹的相关操作，文件的操作方法与文件夹类拟。

4.2.1　新建文件 / 文件夹

为方便文件的组织和管理，就需要新建很多文件夹来分类管理文件。

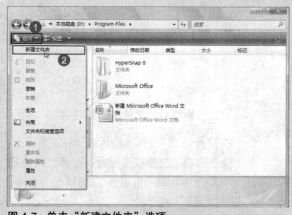

图 4-7　单击"新建文件夹"选项

方法一：用"新建文件夹"选项新建

❶ 在窗口中单击"组织"下拉按钮。
❷ 在展开的列表中单击"新建文件夹"选项，如图 4-7 所示，即可创建一个新文件夹。

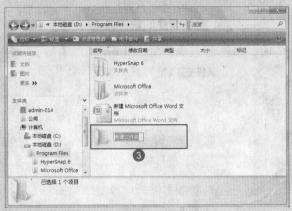

图 4-8　显示新创建的文件夹

③ 单击"新建文件夹"选项后，在 Program Files 文件夹下即创建了一个新的文件夹。默认情况下新建文件夹的名称为"新建文件夹"，用户可直接输入新的文件夹名，或用鼠标单击窗口中其他位置完成创建，如图 4-8 所示。

方法二：使用快捷菜单中的命令新建

① 要新创建文件夹，还可以在窗口空白处右击鼠标，然后在弹出的快捷菜单中执行"新建 > 文件夹"命令，如图 4-9 所示。

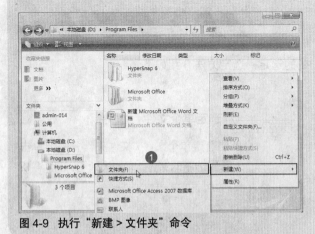

图 4-9　执行"新建 > 文件夹"命令

4.2.2　创建文件 / 文件夹快捷方式

为文件或文件夹创建桌面快捷方式后，可以很方便地访问它们，对于经常使用的文件或文件夹，可以采取这种方式进行管理。

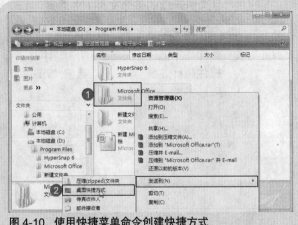

图 4-10　使用快捷菜单命令创建快捷方式

1　使用快捷菜单命令创建快捷方式

① 选中需要创建快捷方式的文件夹。

② 右击鼠标，在弹出的快捷菜单中执行"发送到 > 桌面快捷方式"命令，如图 4-10 所示。

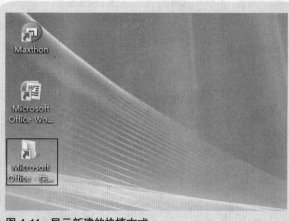

图 4-11　显示新建的快捷方式

2 显示新建的快捷方式

❶ 经过操作后，在桌面上即添加了所选文件的快捷方式，如图 4-11 所示。

TIPS

高手点拨

创建文件的快捷方式和文件夹相同。

4.2.3　选定文件 / 文件夹

对文件和文件夹的操作中经常会涉及到对它们的选定，选定方法介绍如下。

图 4-12　选定单个文件 / 文件夹

1 选定单个文件 / 文件夹

❶ 要选定单个文件 / 文件夹，只需要单击需要选中的文件 / 文件夹即可，如图 4-12 所示。

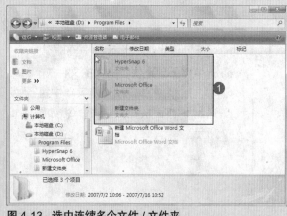

图 4-13　选中连续多个文件 / 文件夹

2 选中连续的多个文件 / 文件夹

❶ 要选中多个连续的文件 / 文件夹，可以在要选中的第 1 个文件 / 文件夹的开头按住鼠标左键，然后拖动选中，如图 4-13 所示。

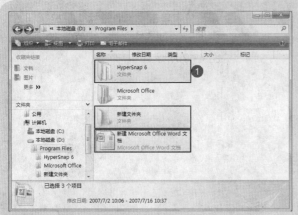

图 4-14　选中不连续的文件 / 文件夹

3 选中不连续的多个文件 / 文件夹

① 要选中不连续的文件或文件夹，可以按住 Ctrl 键，同时用鼠标单击依次选中，如图 4-14 所示。

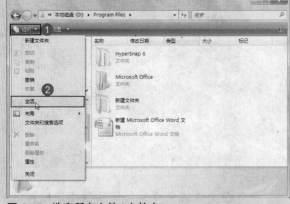

图 4-15　选定所有文件 / 文件夹

4 选定所有文件 / 文件夹

① 要一次性选定所有的文件 / 文件夹，可以在窗口中单击"组织"下拉按钮。

② 在展开的列表中单击"全选"选项，如图 4-15 所示。

4.2.4　移动与复制文件 / 文件夹

在管理文件或文件夹时，用户需要移动或复制它们，具体方法介绍如下。

1．移动文件 / 文件夹

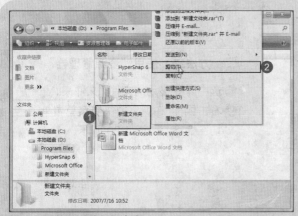

图 4-16　使用"剪切"命令

方法一：用地址栏移动文件或文件夹

① 选中需要移动的文件或文件夹。

② 右击鼠标，在弹出的快捷菜单中单击"剪切"命令，如图 4-16 所示。

Lesson 1
Lesson 2
Lesson 3
Lesson 4
Lesson 5

1 在窗口中单击"本地磁盘"下拉按钮。
2 在展开的列表中单击"桌面"选项，如图 4-17 所示。

图 4-17 单击"桌面"选项

1 单击"组织"下拉按钮。
2 在展开的列表中单击"粘贴"选项，如图 4-18 所示。

图 4-18 粘贴文件 / 文件夹

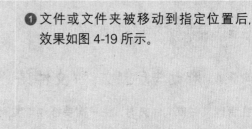

1 文件或文件夹被移动到指定位置后，效果如图 4-19 所示。

图 4-19 显示粘贴的效果

方法二：使用"资源管理器"

1 选中需要移动的文件 / 文件夹。
2 右击鼠标，在弹出的快捷菜单中单击"剪切"命令，如图 4-20 所示。

图 4-20 单击"剪切"命令

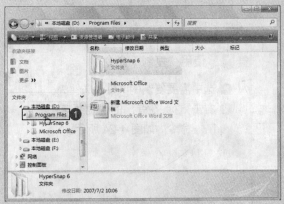

图 4-21　单击"资源管理器"中文件夹

使用"资源管理器"定位目标位置

❶ 在"资源管理器"中单击"Program Files"文件夹，切换到该文件夹下，如图 4-21 所示。

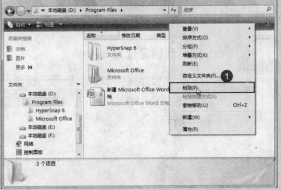

图 4-22　粘贴文件 / 文件夹

粘贴文件 / 文件夹

❶ 在文件夹窗口中右击鼠标，在弹出的快捷菜单中单击"粘贴"命令，如图 4-22 所示。

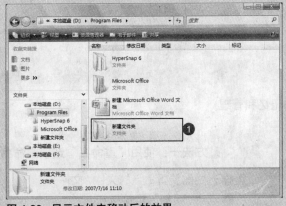

图 4-23　显示文件夹移动后的效果

显示文件夹移动后的效果

❶ 文件夹被移动到指定位置后的效果，如图 4-23 所示。

Lesson 1

Lesson 2

Lesson 3

Lesson 4

Lesson 5

2. 复制文件 / 文件夹

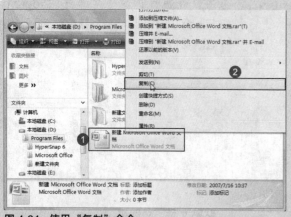

图 4-24　使用"复制"命令

使用"复制"命令

❶ 选中需要复制的文件 / 文件夹。

❷ 右击鼠标,在弹出的快捷菜单中单击"复制"命令,如图 4-24 所示。

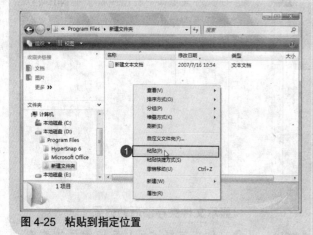

图 4-25　粘贴到指定位置

粘贴到指定位置

❶ 在"新建文件夹"下右击鼠标,在弹出的快捷菜单中单击"粘贴"命令,如图 4-25 所示。

4.2.5　重命名文件 / 文件夹

重命名文件或文件夹,可以方便用户对它们的记忆和管理。

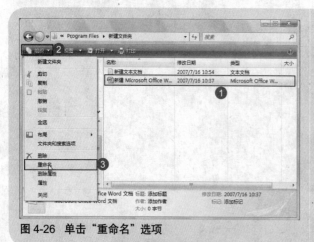

图 4-26　单击"重命名"选项

方法一:使用"重命名"选项重命名

❶ 选中需要重命名的文件 / 文件夹。

❷ 单击"组织"下拉按钮。

❸ 在展开的列表中单击"重命名"选项,如图 4-26 所示。

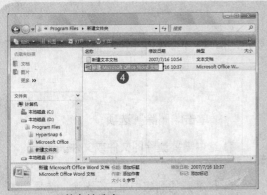

图 4-27　文件名被选中

❹ 单击"重命名"选项后,所选文件或文件夹的名称更改为可编辑状态,效果如图 4-27 所示。

图 4-28　重命名文件 / 文件夹

❺ 重新输入新的文件或文件夹名称后,效果如图 4-28 所示。

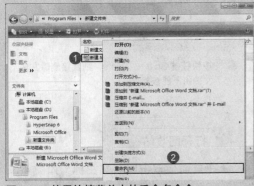

图 4-29　使用快捷菜单中的重命名命令

方法二:使用快捷菜单命令重命名

❶ 选中需要重命名的文件或文件夹。
❷ 右击鼠标,在弹出的快捷菜单中单击"重命名"命令,如图 4-29 所示。

图 4-30　两次单击文件名

方法三:通过两次单击文件名重命名

❶ 两次单击文件的文件名,文件的文件名将变为可编辑状态,此时即可重命名文件或文件夹,如图 4-30 所示。

4.2.6 删除与恢复文件 / 文件夹

不需要的文件或文件夹会占用系统空间,这时就需要定期清理它们。如果错误删除了一些重要文件,也是可以将它们恢复的。

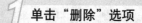

图 4-31　单击"删除"选项

1 单击"删除"选项

❶ 选中需要删除的文件或文件夹。

❷ 单击"组织"下拉按钮。

❸ 在展开的列表中单击"删除"选项,如图 4-31 所示。

图 4-32　单击"是"按钮

2 打开"删除文件"对话框

❶ 单击"删除"选项后,弹出"删除文件"对话框,单击"是"按钮则将文件删除到回收站中,如图 4-32 所示。

TIPS

高手点拨

按快捷键 Shift + Delete,则直接删除文件,文件将不能恢复。

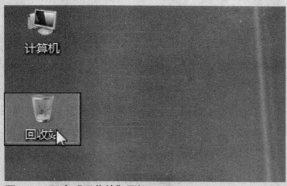

图 4-33　双击"回收站"图标

3 打开回收站

❶ 在桌面上双击回收站图标,如图 4-33 所示。

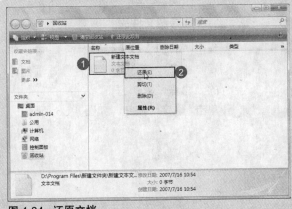

图 4-34 还原文档

4 还原文档

1. 在"回收站"中选中要还原的文件。

2. 右击鼠标,在弹出的快捷菜单中单击"还原"命令,即可还原文件,如图 4-34 所示。

BASIC

4.3 文件/文件夹的高级操作

文件或文件夹的高级操作是相对于基础操作而言的。本节主要来学习较为常用的几个高级操作,分别是隐藏与显示文件/文件夹、查看文件/文件夹大小、文件和文件夹的搜索。

4.3.1 隐藏与显示文件/文件夹

如果某些文件或文件夹不想被其他用户看到,或是怕被别人误操作或是基于保密因素的考虑,这时可以将这些文件或文件夹隐藏起来。

1. 隐藏文件/文件夹

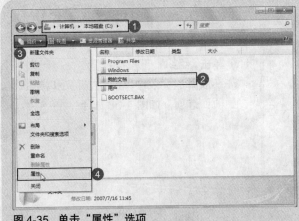

图 4-35 单击"属性"选项

1 打开"我的文档属性"对话框

1. 打开 C 盘。

2. 选中"我的文档"文件夹。

3. 在窗口中单击"组织"下拉按钮。

4. 在展开的列表中单击"属性"选项,如图 4-35 所示。

新视听课堂 电脑入门 轻松互动学

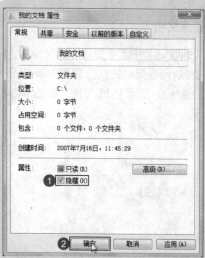

图 4-36　设置隐藏文件夹

2 设置隐藏文件夹

❶ 弹出"我的文档属性"对话框,在"常规"选项卡下勾选"属性"选项组中的"隐藏"复选框。

❷ 单击"确定"按钮,如图 4-36 所示。

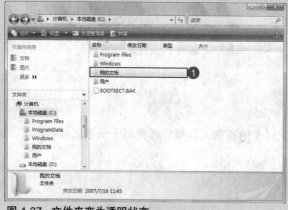

图 4-37　文件夹变为透明状态

3 文件夹变为透明

❶ 隐藏文件夹后,整个文件夹变为透明状态,如图 4-37 所示。

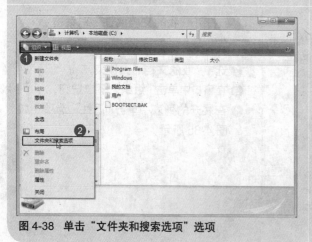

图 4-38　单击"文件夹和搜索选项"选项

4 打开"文件夹选项"对话框

❶ 单击"组织"下拉按钮。

❷ 在展开的列表中单击"文件夹和搜索选项"选项,如图 4-38 所示。

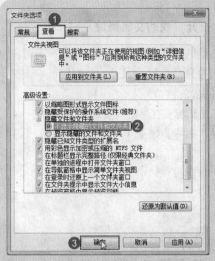

图 4-39 设置不显示隐藏文件夹

5 设置不显示隐藏文件夹

❶ 弹出"文件夹选项"对话框,单击"查看"标签,切换到"查看"选项卡。

❷ 单击选中"不显示隐藏的文件和文件夹"单选按钮。

❸ 单击"确定"按钮,如图 4-39 所示。

图 4-40 隐藏文件夹不再显示

6 隐藏文件夹不再显示

❶ 设置隐藏文件夹不显示后,效果如图 4-40 所示,可以看到窗口中被隐藏的文件夹没有显示在其中。

T!PS

高手点拨

隐藏文件的方法与隐藏文件夹完全相同。

2．显示文件／文件夹

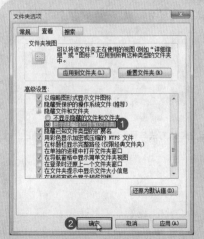

图 4-41 设置显示隐藏的文件和文件夹

1 设置显示隐藏的文件夹

❶ 要显示隐藏的文件夹,可以在"文件夹选项"对话框中的"查看"选项卡下单击选中"显示隐藏的文件和文件夹"单选按钮。

❷ 单击"确定"按钮,如图 4-41 所示。

Lesson 1
Lesson 2
Lesson 3
Lesson 4
Lesson 5

图 4-42 单击"属性"命令

图 4-43 取消隐藏

图 4-44 完全显示文件夹

2 打开"我的文档属性"对话框

❶ 隐藏的文件夹显示为透明状态,下面将文件夹全部显示出来。首先要选中该文件夹。

❷ 右击鼠标,在弹出的快捷菜单中单击"属性"命令,如图 4-42 所示。

3 取消隐藏

❶ 在弹出的对话框中的"常规"选项卡下取消勾选"隐藏"复选框。

❷ 单击"确定"按钮,如图 4-43 所示。

4 完全显示文件夹

❶ 经过前面的操作后,"我的文档"文件夹被完全显示了出来,效果如图 4-44 所示。

高手点拨

显示文件的方法与显示文件夹方法完全相同。

4.3.2 查看文件 / 文件夹的大小

用户也可以查看文件和文件夹的大小,这项操作非常简便。

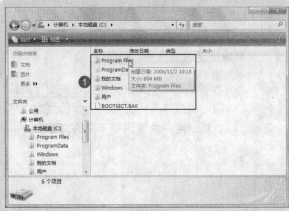

图 4-45 用鼠标指向文件夹查看大小

方法一：用鼠标指向查看

❶ 要查看某一文件或文件夹的大小，可以将鼠标光标放置在该文件或文件夹的图标上，如图 4-45 所示，即可查看文件夹的大小。

图 4-46 单击"属性"命令

方法二：通过属性对话框查看

❶ 选中需要查看大小的文件或文件夹。

❷ 右击鼠标，在弹出的快捷菜单中单击"属性"命令，如图 4-46 所示。

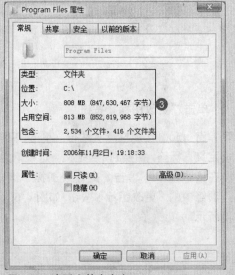

图 4-47 查看文件夹大小

❸ 在弹出的对话框中的"常规"选项卡下用户可以查看到文件的大小等属性，如图 4-47 所示。

Lesson 1

Lesson 2

Lesson 3

Lesson 4

Lesson 5

动手练一练 | 更改文件夹图标

用户是可以更改文件夹的属性的，包括设置文件夹共享或是更改文件夹的图标等。

图 4-48 文件夹图标更改后效果

本节动手练一练是更改文件夹图标的练习，通过学习对文件夹图标的更改，可以帮助用户快速识别不同的文件夹。

图 4-49 单击"属性"选项

打开属性对话框

① 打开 F 盘。
② 选中需要更改属性的文件或文件夹。这里选中"picture"文件夹。
③ 单击"组织"下拉按钮。
④ 在展开的列表中单击"属性"选项，如图 4-49 所示。

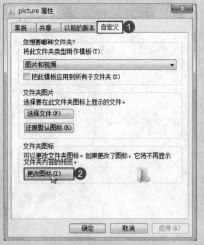

图 4-50 单击"更改图标"按钮

单击"更改图标"按钮

① 弹出"picture 属性"对话框，单击"自定义"标签，切换到"自定义"选项卡。
② 在该选项卡下单击"文件夹图标"选项组中的"更改图标"按钮，如图 4-50 所示。

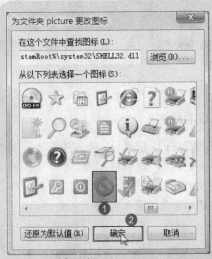

图 4-51　选择图标

3 选择图标

❶ 在弹出的对话框中的列表框中选择一个图标。

❷ 单击"确定"按钮，如图 4-51 所示。

TIPS

高手点拨

单击"浏览"按钮，则可从其他文件中查找图标。

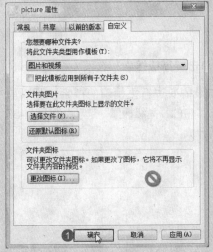

图 4-52　单击"确定"按钮

4 退出属性对话框

❶ 单击"确定"按钮后，返回到属性对话框，然后单击"确定"按钮完成属性更改，如图 4-52 所示。

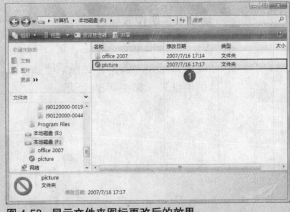

图 4-53　显示文件夹图标更改后的效果

5 显示文件夹图标更改后的效果

❶ 更改文件夹图标后，效果如图 4-53 所示。

TIPS

高手点拨

通常是不能更改系统盘 C 盘中系统文件夹的图标属性的。

4.3.3 文件和文件夹的搜索

如果不清楚文件和文件夹的保存位置，或者只知道文件或文件夹名称，可以使用"搜索"框搜索文件和文件夹。

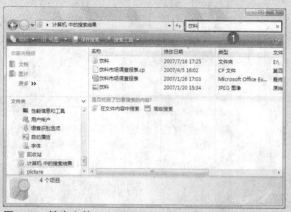

图 4-54 搜索文件

1 搜索文件

❶ 在窗口中的"搜索"文本框中输入需要搜索的内容，例如输入"饮料"，则系统开始自动为用户搜索所有与"饮料"相关的内容，如图 4-54 所示。

图 4-55 单击"高级搜索"选项

2 单击"高级搜索"选项

❶ 如果需要进行更精确的搜索，可以单击其中的"高级搜索"选项，如图 4-55 所示。

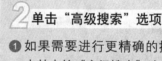

图 4-56 切换到高级搜索

3 切换到高级搜索

❶ 单击"高级搜索"选项后，窗口中出现了高级筛选器。其中包括搜索窗格、搜索的明细表，如图 4-56 所示。

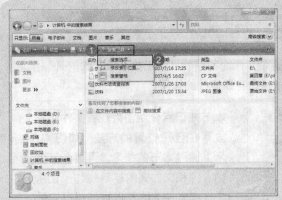

图 4-57　单击"搜索选项"选项

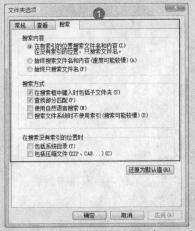

图 4-58　切换到"搜索"选项卡

图 4-59　单击"保存搜索"按钮

图 4-60　保存搜索内容

4 单击"搜索选项"选项

❶ 单击"搜索工具"下拉按钮。

❷ 在展开的列表中单击"搜索选项"选项，如图 4-57 所示。

5 切换到"搜索"选项卡

❶ 切换到"搜索"选项卡，在该选项卡下用户可以设置"搜索内容"、"搜索方式"等内容，如图 4-58 所示。

6 单击"保存搜索"按钮

❶ 要保存搜索内容，可单击窗口中的"保存搜索"按钮，如图 4-59 所示。

7 保存搜索内容

❶ 弹出"另存为"对话框，在"文件名"文本框中可以输入要保存的文件名，默认的保存类型为"搜索文件夹"，单击"保存"按钮即可保存，如图 4-60 所示。

Lesson 1　Lesson 2　Lesson 3　**Lesson 4**　Lesson 5

PRACTICE

4.4 知识点综合运用——查找文件并保存

由于文件保存的时间过长，用户可能会忘记了整个文件的名称或只知道关于该文件的某些信息，这时可能需要将这些文件统一搜索查找出来保存在容易查找的位置。

图 4-61 将查找文件保存在指定文件夹

本节知识点介绍了为查找文件并将文件放置在合适位置的方法，如图 4-61 所示。通过本节的练习，再结合前面介绍的文件和文件夹的基础操作，让用户对文件和文件夹的管理更加得心应手。

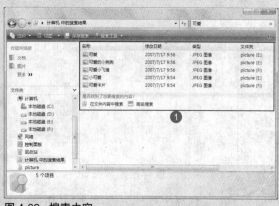

图 4-62 搜索内容

1 搜索内容

❶ 在窗口中的"搜索"文本框内输入需要搜索的内容，则在内容窗格中就可以预览到搜索的结果了。这里输入"可爱"，搜索结果如图 4-62 所示。

图 4-63 单击"高级搜索"选项

2 单击"高级搜索"选项

❶ 在窗口中单击"高级搜索"选项，如图 4-63 所示。

图 4-64　搜索图片

搜索图片

❶ 在搜索窗格中单击"图片"按钮，则显示出了图片搜索结果，如图 4-64 所示。

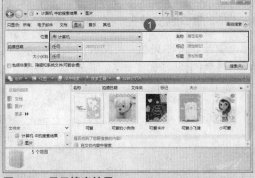

图 4-65　显示搜索结果

显示搜索结果

❶ 单击"图片"按钮后，系统自动为用户搜索带有关键字的图片，所有图片的搜索结果如图 4-65 所示。

图 4-66　放映幻灯片

幻灯片显示图片

❶ 单击"放映幻灯片"按钮，则可将文件夹中的所有图片通过放映幻灯片显示出来，如图 4-66 所示。

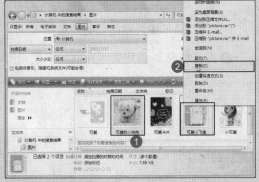

图 4-67　复制图片

复制图片

❶ 按住 Ctrl 键依次选定两张不连续的图片。

❷ 右击鼠标，在弹出的快捷菜单中单击"复制"命令，如图 4-67 所示。

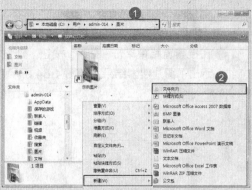

图 4-68　新建文件夹

① 打开"C：\ 用户 \admin-014\ 图片"文件夹。

② 在窗口中右击鼠标，在弹出的快捷菜单中执行"新建 > 文件夹"命令，如图 4-68 所示。

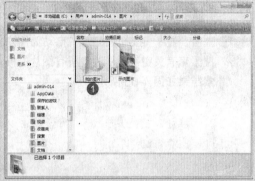

图 4-69　重命名文件夹

① 新建文件夹后，将文件名重命名为"我的图片"，如图 4-69 所示。

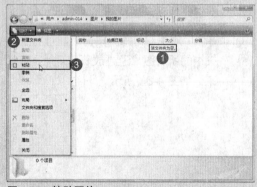

图 4-70　粘贴图片

① 双击"我的图片"文件夹，打开该文件夹。

② 在窗口中单击"组织"下拉按钮。

③ 在展开的列表中单击"粘贴"选项，如图 4-70 所示。

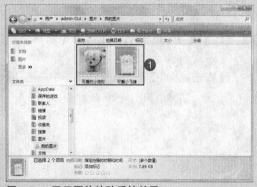

图 4-71　显示图片粘贴后的效果

① 图片粘贴到指定文件夹后，效果如图 4-71 所示。

新手提问

① **是否有一种方法能够在一个位置查看所有文件，而不用打开不同的文件夹来查看不同类型的文件？**

答：有。"搜索框"提供了在单一视图中快速访问所有最常用文件（例如文档、图片、音乐和电子邮件）的方法。

② **什么是"搜索"框？如何使用？**

答："搜索"框位于每个文件夹窗口的顶部。在"搜索"框中键入内容后，系统将对文件夹中的内容立即进行筛选，以便只显示与所键入的内容相关的文件。但是"搜索"框并不自动搜索整个计算机，它仅搜索当前文件夹及其所有子文件夹。如果已经对文件夹视图进行了筛选（例如，仅显示特定作者创建的文件），则"搜索"框仅在所限定的视图中进行搜索。

③ **如何更改缩略图大小和文件详细信息？**

答：打开要更改的文件夹，然后单击窗口中的"视图"下拉按钮，在展开的列表中上下拖动滑块，即可更改缩略图的大小。

④ **导航窗格的用途是什么？**

答：可以在导航窗格中单击文件夹和保存过的搜索内容，以更改当前文件夹中显示的内容。使用导航窗格可以访问"文档"、"图片"和"搜索"等常用文件夹。通过单击导航窗格底部的"文件夹"，用户可以访问其他文件夹，用户还可以单击列表中的任意文件夹直接导航到该文件夹。

⑤ **5.什么是文件备份？**

答：文件备份是存储在与源文件不同位置的文件副本。如果希望跟踪文件的更改，可以有文件的多个备份。

⑥ **为什么应该备份文件？**

答：备份文件有助于避免文件永久性丢失或者在意外删除、遭受蠕虫或病毒攻击，或者软件或硬件故障时被更改。如果发生上述任何事情并且备份了文件，则可以轻易还原那些文件。若要备份文件，请参阅备份文件。

⑦ **我应该备份什么文件？**

答：应该备份很难或者不可能替换的任何文件，并定期备份经常更改的文件。图片、视频、音乐、项目、财务记录是应该备份的文件的示例。无须备份程序，因为可以使用原始产品光盘重新安装它们，而且程序通常占用很多磁盘空间。

Lesson 1　Lesson 2　Lesson 3　Lesson 4　Lesson 5

8 **我的备份里未包含什么文件类型？**

答：右击需要共享的文件夹，然后在弹出的快捷菜单中单击"属性"命令，在弹出的"属性"对话框中单击"共享"标签，切换到"共享"选项卡。单击"高级共享"按钮，在弹出的"高级共享"对话框中勾选"共享此文件夹"复选框，然后单击"确定"按钮即可实现文件夹共享。当然用户可在其中设置访问权限。

个性化设置与用户账户的管理

05

本课建议学习时间

本课学习时间为 60 分钟，其中建议分配 45 分钟学习屏幕显示、"开始"菜单、其他选项的个性化设置的方法和桌面整理的方法以及用户账户的管理方法，分配 15 分钟观看视频教学并进行练习。

学完本课后您将可以

- 屏幕显示的设置方法 重点
- Windows 中常用的设置 重点
- 回收站的使用
- 用户账户的管理 难点

▶ 创建新用户

▶ 密码还原向导

▶ 设置"开始"菜单

主要知识点视频链接

BASIC
5.1 屏幕显示的设置

在个人计算机中安装了 Windows Vista 后，可根据个人习惯对系统的外观、颜色等进行个性化的设置，在 Windows Vista 系统中，也专门为用户提供了个性化设置功能。下面将详细介绍 Windows Vista 屏幕显示个性化设置的操作方法。

5.1.1 设置颜色和外观

如果用户对系统默认的窗口颜色不满意的话，还可以对其进行自定义设置。具体的操作步骤如下。

图 5-1 单击"个性化"命令

1 打开"个性化"窗口

❶ 右击桌面空白处，在弹出的快捷菜单中单击"个性化"命令，如图 5-1 所示。

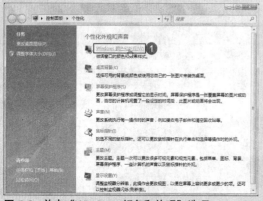

图 5-2 单击"Windows 颜色和外观"选项

2 打开"Windows 颜色和外观"窗口

❶ 在弹出的"个性化"窗口中，单击"Windows 颜色和外观"选项，如图 5-2 所示，即可打开"Windows 颜色和外观"窗口。

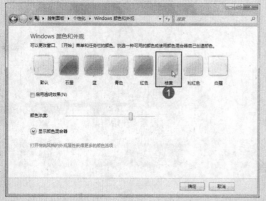

图 5-3 设置 Windows 颜色和外观

3 设置 Windows 颜色和外观

❶ 在弹出的"Windows 颜色和外观"窗口中，可以设置窗口"开始"菜单和任务栏的颜色，如图 5-3 所示。

TIPS
高手点拨

还可以拖动"颜色浓度"右侧的滑块来调整颜色的深浅度。

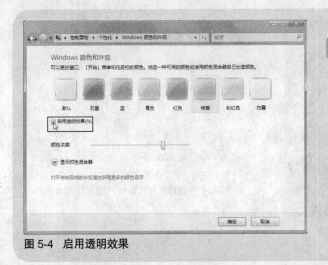

图 5-4　启用透明效果

5.1.2　设置桌面背景图案

用户还可以根据个人喜好对计算机桌面的背景图案进行设置，设置的具体方法如下。

图 5-5　单击"桌面背景"选项

1 打开"桌面背景"窗口

❶ 打开"个性化"窗口。

❷ 单击"桌面背景"选项，如图 5-5 所示。

图 5-6　选择壁纸

2 选择壁纸

❶ 在弹出的"桌面背景"窗口中，可以在"选择桌面背景"列表框中选择一张图片作为桌面的背景，如图 5-6 所示。

❷ 设置完毕后，单击"确定"按钮。

Lesson 1　Lesson 2　Lesson 3　Lesson 4　Lesson 5

图 5-7 显示设置桌面背景后的效果

3 显示设置桌面背景后的效果

❶ 经过操作后，就设置了桌面背景，效果如图 5-7 所示。

TIPS

高手点拨

用户还可以在"桌面背景"窗口中单击"浏览"按钮，然后选择自己喜欢的图片作为桌面的背景。

5.1.3 设置分辨率

显示器分辨率是指在计算机屏幕中显示的像素值。例如将分辨率设置为 1024×768，是指要求在屏幕中水平显示 1024 个像素，垂直显示 768 个像素。较大的显示分辨率，可以有效地提高清晰度和显示范围。

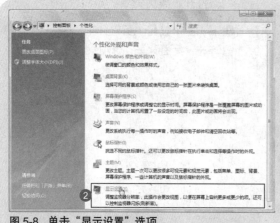

图 5-8 单击"显示设置"选项

1 打开"显示设置"对话框

❶ 打开"个性化"窗口。

❷ 单击"显示设置"选项，如图 5-8 所示。

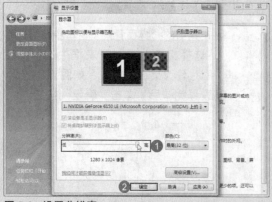

图 5-9 设置分辨率

2 设置分辨率

❶ 在弹出的"显示设置"对话框中拖动分辨率调节块，设定屏幕显示的分辨率。

❷ 设定完毕后，单击"确定"按钮，进行保存，如图 5-9 所示。

TIPS

高手点拨

单击"颜色"下拉按钮，可以选择显示颜色的深度。

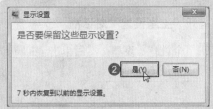

图 5-10　确定显示设置

3 确定显示设置

❶ 单击 "确定" 按钮后, 系统会弹出 "显示设置" 提示框, 询问用户是否保留显示设置。

❷ 单击 "是" 按钮, 保存设置, 如图 5-10 所示。

动手练一练 │ 设置刷新率

如果用户的显示器显示出来的图形看不清楚, 那么就需要对显示器的刷新率进行设置。具体的方法如下。

图 5-11　单击 "高级设置" 按钮

1 打开通用即插即用监视器对话框

❶ 打开 "个性化" 窗口。

❷ 单击 "显示设置" 选项。

❸ 单击 "高级设置" 按钮, 如图 5-11 所示, 即可打开通用即插即用监视器对话框。

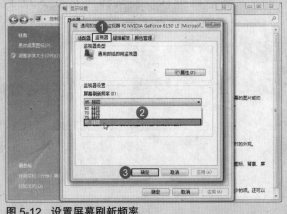

图 5-12　设置屏幕刷新频率

2 设置屏幕刷新频率

❶ 在弹出的通用即插即用监视器对话框中切换至 "监视器" 选项卡下。

❷ 在 "屏幕刷新频率" 下拉列表中选择 "85 赫兹" 选项, 如图 5-12 所示。

❸ 设置完毕后, 单击 "确定" 按钮。

5.1.4　设置主题

对于大多数用户而言, 是不可能有足够的时间和艺术才能实现桌面各个条目外观的设置, 而桌面主题是桌面总体风格的统一, 通过改变桌面主题可以同时改变桌面各个条目的外观。

77

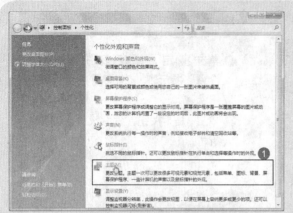

图 5-13 单击"主题"选项

1 打开"主题设置"对话框

① 打开"个性化"窗口，然后单击"主题"选项，如图 5-13 所示。

图 5-14 选择主题

2 选择主题

① 在弹出的"主题设置"对话框中，单击"主题"下方的下拉按钮，在弹出的列表中单击"Windows 经典"选项，如图 5-14 所示。

② 设置完毕后，单击"确定"按钮。

图 5-15 显示设置主题后的效果

3 显示设置主题后的效果

① 经过操作后，桌面风格就变成了 Windows 经典主题，效果如图 5-15 所示。

TIPS

高手点拨

还可以通过互联网下载自己所需的主题，然后选择并应用。

5.2 Windows 其他选项的个性化设置

用户除了可以对屏幕显示进行个性化设置，还可以对桌面上的菜单栏和任务栏的外观、计算机显示的时间，以及系统声音进行设置。

5.2.1 设置"开始"菜单和任务栏

由于每一个人对计算机的设置不同，所以"开始"菜单的显示形式以及选项的内容和任务栏的显示情况也是不尽相同的。下面就介绍设置"开始"菜单和任务栏。

1. 设置开始菜单

"开始"菜单有两种形式，用户可以根据需要自己进行设置，具体的操作方法如下。

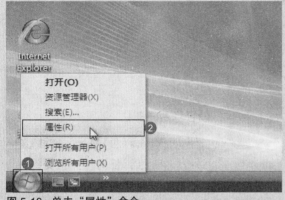

图 5-16 单击"属性"命令

打开属性设置对话框

❶ 右击桌面上"开始"按钮。

❷ 在弹出的快捷菜单中单击"属性"命令，如图 5-16 所示。

图 5-17 设置开始菜单

设置开始菜单

❶ 在弹出的"任务栏和「开始」菜单属性"对话框中，切换至"「开始」菜单"选项卡下。

❷ 单击"传统「开始」菜单"单选按钮，如图 5-17 所示。

❸ 设置完毕后，单击"确定"按钮。

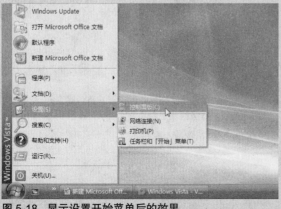

图 5-18 显示设置开始菜单后的效果

显示设置开始菜单后的效果

❶ 经过操作后，用户就将开始菜单设置为了"传统「开始」菜单"类型，效果如图 5-18 所示。

Lesson 1

Lesson 2

Lesson 3

Lesson 4

Lesson 5

79

2．设置任务栏

如果不需要在桌面上显示出任务栏，那么就可设置将任务栏隐藏。具体的方法如下。

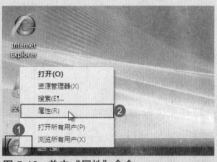

图 5-19　单击"属性"命令

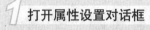

打开属性设置对话框

❶ 右击桌面上"开始"按钮。

❷ 在弹出的快捷菜单中单击"属性"命令，
　如图 5-19 所示。

图 5-20　设置隐藏任务栏

设置隐藏任务栏

❶ 在弹出的"任务栏和「开始」菜单属性"
　对话框中切换至"任务栏"选项卡下。

❷ 勾选"自动隐藏任务栏"复选框，如图
　5-20 所示。

❸ 设置完毕后，单击"确定"按钮。

图 5-21　隐藏任务栏的效果

隐藏任务栏后的效果

❶ 经过前面的设置后，就将任务栏隐藏
　了，效果如图 5-21 所示。

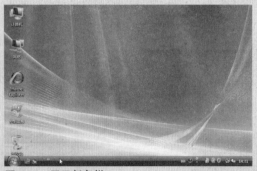

图 5-22　显示任务栏

TIPS

高手点拨

如果将鼠标光标移动到屏幕的最下方，这时，
任务栏就会自动显示出来，如图 5-22 所示。

5.2.2　电源管理节约能源

用户可以通过电源管理功能来对计算机用电情况进行设置,以达到节约能源的目的。具体的方法如下。

图 5-23　双击"电源选项"图标

打开"电源选项"窗口

① 打开"控制面板"窗口,然后双击"电源选项"图标,如图 5-23 所示。

图 5-24　设置电源选项

设置电源选项

① 在打开的"电源选项"窗口中,单击"节能程序"单选按钮,如图 5-24 所示。
② 设置完毕后,单击窗口右上角的"关闭"按钮。

5.2.3　调整计算机中的时间和日期

如果用户的计算机中显示出来的时间和日期不正确,那么可以按照下面的方法进行设置。

图 5-25　单击"更改日期和时间设置"选项

打开"日期和时间"对话框

① 单击任务栏中的时间,弹出日期和时间框。
② 单击"更改日期和时间设置"选项,如图 5-25 所示,即可打开"日期和时间"对话框。

Lesson 1
Lesson 2
Lesson 3
Lesson 4
Lesson 5

图 5-26 单击"更改日期和时间"按钮

图 5-27 更改日期和时间

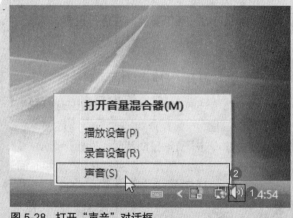

图 5-28 打开"声音"对话框

打开"日期和时间设置"对话框

1. 在弹出的"日期和时间"对话框中，切换至"日期和时间"选项卡下。

2. 单击"更改日期和时间"按钮，如图 5-26所示。

更改日期和时间

1. 在弹出的"日期和时间设置"对话框中，可以在"日期"区域中设置日期，然后在时钟下方的文本框中设置时间，如图5-27 所示。

2. 设置完毕后，单击"确定"按钮。

5.2.4 更改 Windows 系统声音

系统的大多数操作（如弹出菜单、关闭窗口等）都伴随着特定的声音效果，其实这些声音是可以进行设置的。设置系统声音效果的操作步骤如下。

打开"声音"对话框

1. 右击任务栏上的"音量"图标。

2. 在弹出的快捷菜单中单击"声音"命令，如图 5-28 所示。

新视听课堂 电脑入门 轻松互动学

图 5-29　单击"浏览"按钮

打开选择 Windows 声音对话框

❶ 在弹出的"声音"对话框中切换至"声音"选项卡下。

❷ 在"程序事件"列表框中选择需要更改声音的事件选项，再单击"浏览"按钮，如图 5-29 所示。

图 5-30　选择声音

选择声音

❶ 在弹出的浏览新的 Windows 声音对话框中，选择一种声音作为选定的事件的声音，如图 5-30 所示。

❷ 设置完毕后，单击"打开"按钮。

高手点拨

用户设置 Windows 事件声音的时候，音频文件必须是 WAV 格式。

5.3　整理并设置桌面

为了使桌面看起来更加美观整齐，那么就需要对其中的文件夹进行整理，这样还可以达到整理文件夹的目的。

5.3.1　删除桌面上的文件

对于一些不需要保存的文件，可以将其删除。删除桌面上的文件的具体操作方法如下。

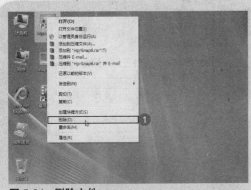

图 5-31　删除文件

删除文件

❶ 右击需要删除的文件，在弹出的快捷菜单中单击"删除"命令，如图 5-31 所示，即可弹出"删除文件"对话框。

图 5-32　确认删除文件

2 确定删除文件

❶ 在弹出的"删除文件"对话框中，单击"是"按钮，即可删除文件，如图 5-32 所示。

TIPS

5.3.2　回收站的使用

用户删除的文件或者文件夹都会被放入到回收站中。下面就对回收站的使用进行详细介绍。

图 5-33　打开"回收站"窗口

1 打开"回收站"窗口

❶ 双击桌面上的"回收站"图标，如图 5-33 所示，即可打开"回收站"窗口。

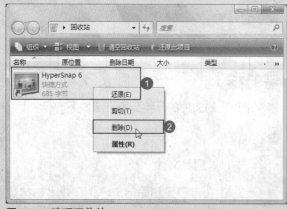

图 5-34　清理回收站

2 清理回收站

❶ 在打开"回收站"窗口后，右击回收站中需要清理的文件。
❷ 在弹出的快捷菜单中单击"删除"命令，如图 5-34 所示，即可彻底删除该文件。

TIPS

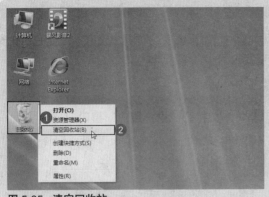

图 5-35 清空回收站

高手点拨

如果需要将回收站中的所有文件全部删除，那么就直接右击回收站图标，在弹出的快捷菜单中单击"清空回收站"命令，如图 5-35 所示。

用户在删除文件的时候，如果不希望将删除的文件放入到回收站中，那么可以按快捷键 Shift + Delete，直接将文件从计算机中删除。

5.3.3 设置桌面显示的内容

如果用户需要有一个干净的桌面，那么就可以将桌面显示的内容隐藏。具体的操作步骤如下。

图 5-36 取消显示桌面图标

1 取消显示桌面图标

❶ 右击桌面空白处。

❷ 在弹出的快捷菜单中，单击"查看 > 显示桌面图标"命令，如图 5-36 所示。

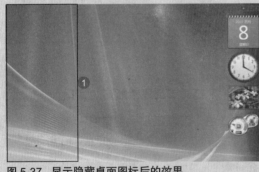

图 5-37 显示隐藏桌面图标后的效果

2 隐藏桌面图标后的效果

❶ 这时，在桌面上就隐藏了图标，隐藏桌面图标后的效果如图 5-37 所示。

Lesson 1
Lesson 2
Lesson 3
Lesson 4
Lesson 5

BASIC

5.4 用户账户的管理

Windows Vista 系统与之前的 Windows XP 系统都是微软推出的真正意义上的多用户、多任务的操作系统。通过用户管理功能可使多个用户共用一台计算机，而且在共用计算机时，可以各自拥有自己的工作界面，并互不干扰。

5.4.1 创建新用户

用户在安装 Windows Vista 过程中会提示用户添加账户，如果在安装过程中没有添加账户，在安装完成之后，可以以管理员身份添加用户，具体步骤如下。

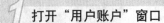

图 5-38 双击"用户账户"图标

打开"用户账户"窗口

① 打开"控制面板"窗口，双击"用户账户"图标，如图 5-38 所示。

图 5-39 单击"管理其他账户"选项

打开"管理账户"窗口

① 打开"用户账户"窗口后单击"管理其他账户"选项，如图 5-39 所示。

图 5-40 单击"创建一个新账户"选项

打开"创建新账户"窗口

① 在"管理账户"窗口中，单击"创建一个新账户"选项，如图 5-40 所示。

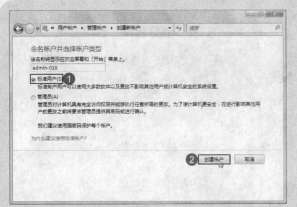

图 5-41　设置新账户

图 5-42　显示创建的新账户

4 设置新账户

❶ 在弹出的"创建新账户"窗口中输入自定义的用户账户的名称。然后单击"标准用户"单选按钮。

❷ 单击"创建账户"按钮，如图 5-41 所示。

5 显示创建的新账户

❶ 返回到"管理账户"窗口后，就可以查看到以上所新建的账户了，如图 5-42 所示。

5.4.2　设置账户图片和密码

用户还可以对新建的账户的图片和密码进行设置。具体的方法如下。

图 5-43　选择账户

1 选择账户

❶ 在"管理账户"窗口中，单击需要创建密码的账户，例如选择"admin-016"用户，如图 5-43 所示。

Lesson 1

Lesson 2

Lesson 3

Lesson 4

Lesson 5

新视听课堂 电脑入门 轻松互动学

图 5-44　单击"创建密码"选项

2 打开"创建密码"窗口

❶ 在"更改账户"窗口中单击"创建密码"选项，如图 5-44 所示。

图 5-45　输入密码

3 输入密码

❶ 打开"创建密码"窗口后，在"密码"文本框内输入需要设置的密码，在"确认密码"文本框中再次输入该密码。
❷ 单击"创建密码"按钮，如图 5-45 所示。

图 5-46　单击"更改图片"选项

4 打开"选择图片"窗口

❶ 用户若需要更改该账户显示的图片，可单击"更改图片"选项，如图 5-46 所示。

图 5-47　单击"浏览更多图片"选项

5 打开"打开"对话框

❶ 在弹出的"选择图片"窗口中，用户可以选择一张图片作为该用户在"开始"菜单和登录界面中的图片。如果需要选择自定义图片，那么单击"浏览更多图片"选项，如图 5-47 所示。

图 5-48　选择图片

Lesson 1

Lesson 2

Lesson 3

Lesson 4

Lesson 5

5.4.3　设置账户的类型

用户还可以对新建的账户的类型进行设置，这样以便计算机管理员对其他账户进行管理。具体的操作方法如下。

图 5-49　单击"更改账户类型"选项

1 打开"更改账户类型"窗口

❶ 以 admin-016 身份登录。打开"更改账户"窗口，单击"更改账户类型"选项，如图 5-49 所示。

6 选择图片

❶ 在弹出的"打开"对话框中，选择目标图片的路径。
❷ 单击选中所需的图片。
❸ 单击"打开"按钮，如图 5-48 所示。

图 5-50　单击"更改账户类型"按钮

2 更改账户类型

❶ 在"更改账户类型"窗口中单击选择需要更改的权限类型。
❷ 选定以后单击"更改账户类型"按钮，即可生效，如图 5-50 所示。

动手练一练 | 创建密码重置盘

在 Windows Vista 中，系统对用户的密码管理做了一定优化，其特点就是能将密码保存在移动存储器（如 U 盘，移动硬盘，SD 存储卡等）中，若用户忘记了密码可以通过插入有用户密码相关信息的移动存储器来恢复密码，操作如下。

图 5-51 双击"用户账户"图标

1 打开"用户账户"窗口

① 插入 U 盘，等待系统识别并提示该硬件可用。打开"控制面板"窗口，双击"用户账户"图标，如图 5-51 所示。

图 5-52 单击"创建密码重设盘"选项

2 打开"忘记密码向导"界面

① 进入"用户账户"窗口后，单击任务区中的"创建密码重设盘"选项，如图 5-52 所示。

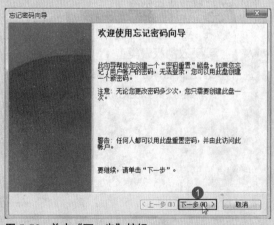

图 5-53 单击"下一步"按钮

3 进入"忘记密码向导"界面

① 系统将自动进入忘记密码的相关设置向导，单击"下一步"按钮，如图 5-53 所示。

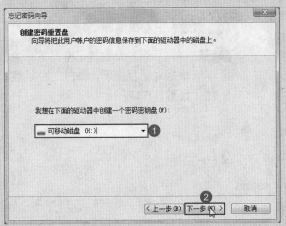

图 5-54　选择密码密钥盘

4 选择密码重置盘

❶ 系统提示将密码保存在指定存储区域，此时用户在"我想在下面的驱动器中创建一个密码密钥盘"下拉列表中，选择插入的移动存储盘符。

❷ 单击"下一步"按钮，如图 5-54 所示。

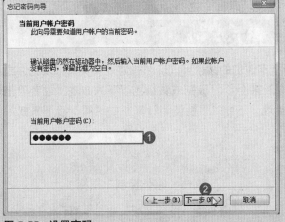

图 5-55　设置密码

5 设置密码

❶ 进入到"当前用户账户密码"界面后，账户在"当前用户账户密码"文本框中输入当前用户密码。

❷ 单击"下一步"按钮，如图 5-55 所示。

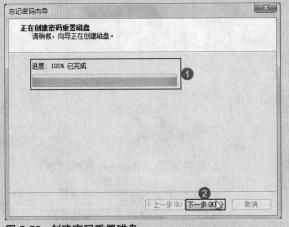

图 5-56　创建密码重置磁盘

6 创建密码重置磁盘

❶ 确定所有操作无误后，系统将提示创建进度。

❷ 创建完成后单击"下一步"按钮，如图 5-56 所示。

Lesson 1

Lesson 2

Lesson 3

Lesson 4

Lesson 5

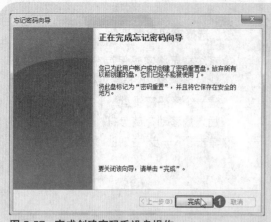

图 5-57 完成创建密码重设盘操作

7 完成忘记密码向导

❶ 经过操作后用户就创建了密码重置盘，然后根据对话框提示，单击"完成"按钮，如图 5-57 所示。

PRACTICE

5.5 知识点综合运用——设置"家长控制"

利用"家长控制"功能可以让家长很容易地指定他们的孩子可以玩哪些游戏。父母可以允许或限制特定的游戏标题，限制他们的孩子只能玩某个年龄级别或该级别以下的游戏，或者阻止某些他们不想让孩子看到或听到的类型的游戏，还可以限制使用计算机的时间。接下来就简单讲解设置家长控制的方法。

图 5-58 双击"家长控制"图标

1 双击"家长控制"图标

❶ 双击"控制面板"窗口中的"家长控制"图标，如图 5-58 所示。

图 5-59 允许启动 Windows 家长控制

2 允许启动 Windows 家长控制

❶ 系统将弹出"用户账户控制"对话框，提示用户该操作需要使用管理员权限进行操作，单击"继续"按钮进行下一步操作，如图 5-59 所示。

图 5-60　选中目标用户

图 5-61　设置家长控制

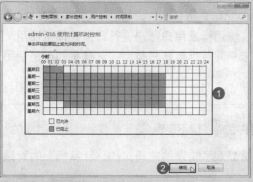

图 5-62　设置时间

图 5-63　确定完成家长控制设置

3 选中目标用户

❶ 打开"家长控制"窗口，然后单击 "admin-016"用户图标，如图 5-60 所示。

4 设置家长控制

❶ 在打开的"用户控制"窗口中单击"启用、强制当前设置"单选按钮，然后单击"时间限制"选项，如图 5-61 所示。

5 设置时间

❶ 在"时间限制"窗口中按住鼠标左键不放，拖动鼠标，设置阻止用户登录的时间。
❷ 设置完毕后，单击"确定"按钮，如图 5-62 所示。

6 确定完成家长控制设置

❶ 返回到"用户控制"窗口后，单击"确定"按钮即可启用家长控制功能，如图 5-63 所示。

Lesson 1　Lesson 2　Lesson 3　Lesson 4　Lesson 5

新手提问

①　什么是用户账户？

答：用户账户是指用户可以访问哪些文件和文件夹，可以对计算机进行哪些更改，以及个人首选项（如桌面背景或颜色主题）的信息集合。使用用户账户，可以与若干个人共享一台计算机，但仍然有自己的文件和设置。每个人都可以使用用户名和密码访问他们自己的用户账户。

②　有哪些类型的用户账户？

答：账户有以下三种不同类型：标准账户、管理员账户和来宾账户。每种账户类型为计算机提供不同的控制级别。标准账户是日常计算机使用中所使用的账户；管理员账户对算机拥有最高的控制权限，并且应该仅在必要时才使用此账户；来宾账户主要供需要临时访问计算机的用户使用。

③　如何切换到其他用户账户？

答：能够在不注销或不关闭程序和文件的情况下切换到其他用户账户的功能称为快速用户切换。若要快速切换到其他用户账户，单击"开始"按钮，在弹出的菜单中指向"锁定"按钮旁边的三角按钮，然后单击"切换用户"。

④　是否必须是用户账户才能使用 Windows？

答：是。设置 Windows 时，将被要求创建用户账户。此账户将是允许设置计算机以及安装想使用的所有程序的管理员账户。完成计算机设置后，建议使用标准用户账户进行日常计算机使用。进入"欢迎中心"窗口，其中会显示计算机上可用的账户并且标识账户类型，这样将知道是使用管理员账户还是标准用户账户。

⑤　用户试图登录系统时，总是收到一条消息，通知其用户名或密码不正确，这可能是什么原因造成的？

答：(1) Caps Lock 键可能处于打开状态。(2) 可能键入了错误的密码。(3) 计算机上的管理员可能重设了密码。

⑥　什么是颜色配置文件？

答：颜色配置文件就是一个描述特定设备在特定状态下颜色特征的文件。配置文件还可能包含定义查看条件或 gamut 映射方法的其他信息。在使用计算机的颜色管理系统时，无论设备或查看条件如何，颜色配置文件都可以帮助确保彩色内容的呈现效果可接受。

⑦　索引的用途是什么？

答：索引用于加快搜索文件的速度。在搜索文件时，Windows 不会全部搜索整个硬盘中的文件名或文件属性，而是扫描索引，这样与不使用索引进行搜索相比，使用极少的时间就可显示最多的结果。

Lesson

应用程序安装和使用

本课建议学习时间

本课学习时间为 60 分钟，其中建议分配 45
分钟学习应用程序的安装和卸载的方法，分配
15 分钟观看视频教学并进行练习。

学完本课后您将可以

➤ 掌握应用程序的安装方法 重点

➤ 掌握启动应用程序的方法 重点

➤ 掌握卸载应用程序的方法 难点

安装程序

从命令行启动程序

关闭应用程序

主要知识点视频链接

BASIC

6.1 安装应用程序

通常情况下，Windows 应用程序的安装过程都是大致相同的。在安装应用程序的时候需清楚了解每一步骤的作用和注意事项。当然很多小型软件如一些播放器或者压缩软件的安装过程就相对简单多了。

6.1.1 安装程序

下面以安装"暴风影音"程序为例，详细介绍安装程序的具体操作方法。

图 6-1 打开"暴风影音"安装文件

1 打开"暴风影音"安装文件

❶ 首先打开"暴风影音"安装文件所在的文件夹，如图 6-1 所示，双击"暴风影音"安装文件的图标。

图 6-2 允许该程序访问计算机

2 允许该程序访问计算机

❶ 这时，系统会弹出"用户帐户控制"对话框，如图 6-2 所示，单击"允许"选项。

图 6-3 开始安装"暴风影音"软件

3 开始安装"暴风影音"

❶ 在弹出的"安装－暴风影音"对话框中，单击"下一步"按钮，如图 6-3 所示。

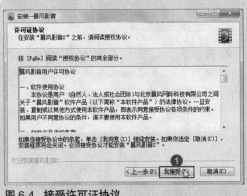

图 6-4 接受许可证协议

4 同意许可证协议

❶ 在进入到"许可证协议"界面后，可以
阅读软件的使用协议，然后单击"我接
受"按钮，如图 6-4 所示。

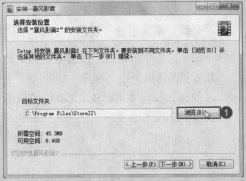

图 6-5 打开"浏览文件夹"对话框

5 打开"浏览文件夹"对话框

❶ 在进入到"选择安装位置"界面后，单
击"目标文件夹"文本框右侧的"浏览"
按钮，如图 6-5 所示，即可打开"浏览
文件夹"对话框。

图 6-6 选择文件夹

6 选择文件夹

❶ 在弹出的"浏览文件夹"对话框中，首
先选择目标磁盘，单击"新建文件夹"
按钮，并重命名文件夹的名称。
❷ 单击"确定"按钮，如图 6-6 所示。

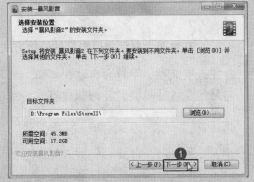

图 6-7 完成软件安装路径的设置

7 完成软件安装路径的设置

❶ 设置好软件的安装路径后，单击"下一
步"按钮，如图 6-7 所示。

Lesson 6 Lesson 7 Lesson 8 Lesson 9 Lesson 10

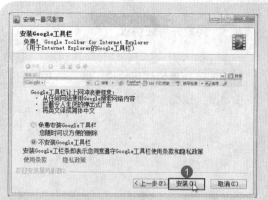

图 6-8 选择安装插件

图 6-9 安装"暴风影音"程序

图 6-10 完成"暴风影音"软件的安装

图 6-11 显示快捷方式

8 选择安装插件

❶ 在进入到"安装 Google 工具栏"界面后，如果不需要安装 Google 工具栏，那么单击"不安装 Google 工具栏"单选按钮，如图 6-8 所示，然后单击"安装"按钮。

9 安装"暴风影音"程序

❶ 单击"安装"按钮后，系统就会自动开始安装"暴风影音"程序。同时，在"正在安装"界面中还会显示出软件安装的进度，如图 6-9 所示。

10 完成"暴风影音"软件的安装

❶ 经过前面的操作后，就完成了暴风影音软件的安装。最后单击"完成"按钮即可，如图 6-10 所示。

TIPS

高手点拨

如果用户需要完成安装后，自动运行暴风影音，那么就勾选"运行暴风影音 2"复选框，再单击"完成"按钮。

11 在桌面上显示暴风影音的快捷方式

❶ 完成安装后，系统会自动在桌面上创建一个"暴风影音"的快捷方式，如图 6-11 所示。

6.1.2　打开 Windows 功能

Windows Vista 系统自带了许多小程序，这些小程序称为 Windows 功能。但是并非所有的 Windows Vista 功能都在安装系统后就能够使用，这些功能需要自行打开，打开 Windows 功能的操作步骤如下。

图 6-12　打开"控制面板"窗口

打开"控制面板"窗口

❶ 执行"开始 > 控制面板"命令，如图 6-12 所示，即可打开"控制面板"窗口。

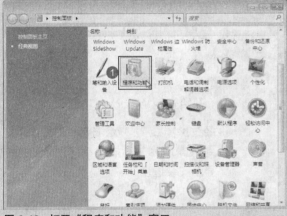

图 6-13　打开"程序和功能"窗口

打开"程序和功能"窗口

❶ 在弹出的"控制面板"对话框中，双击"程序和功能"图标，如图 6-13 所示，即可打开"程序和功能"窗口。

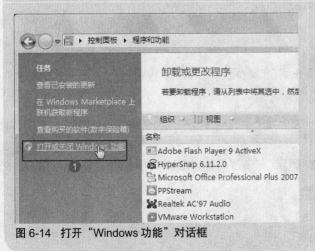

图 6-14　打开"Windows 功能"对话框

打开"Windows 功能"对话框

❶ 单击"任务"窗格中的"打开或关闭 Windows 功能"选项，如图 6-14 所示。

图 6-15　选择继续

4 选择继续

❶ 系统弹出"用户帐户控制"对话框，提示用户"Windows 需要您的许可才能继续"，单击"继续"按钮，如图 6-15 所示。

图 6-16　打开 Windows 功能

5 打开 Windows 功能

❶ 单击"继续"按钮后，弹出"Windows 功能"对话框，勾选所需添加的功能前的复选框，如图 6-16 所示。

❷ 设置完毕后，单击"确定"按钮即可。

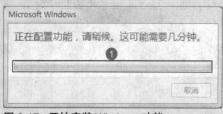

图 6-17　开始安装 Windows 功能

6 开始安装 Windows 功能

❶ 经过操作后，系统会将选中的程序添加到 Windows 中，如图 6-17 所示，系统显示安装进度。

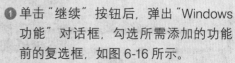

6.2　启动应用程序

在前面介绍了应用程序的安装方法，下面介绍启动应用程序的方法。

6.2.1　用程序项图标启动应用程序

用户可以在开始菜单中找到目标应用程序的图标，单击该图标以启动应用程序。

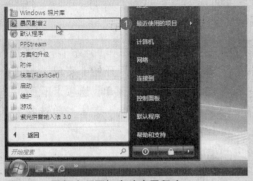

图 6-18 用程序项图标启动应用程序

用程序项图标启动应用程序

❶ 执行"开始 > 所有程序 > 暴风影音 2"命令,如图 6-18 所示,即可启动"暴风影音 2"的应用程序。

6.2.2 使用快捷图标启动应用程序

最常用的启动应用程序的方法就是双击桌面上的快捷方式图标。使用快捷图标启动应用程序的方法如下。

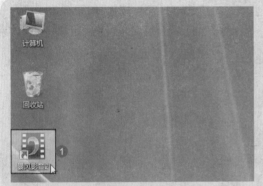

图 6-19 使用快捷图标启动应用程序

使用快捷图标启动应用程序

在桌面上为某应用程序建立快捷方式,然后双击快捷方式图标,即可启动该应用程序,如图 6-19 所示。

6.2.3 从启动程序组中启动应用程序

如果每次启动 Windows Vista 系统后,都要一个个打开这些应用程序,是一件很麻烦且枯燥的事。而在"启动"程序组中的所有应用程序都会在启动系统时自动执行。下面介绍如何将经常使用的应用程序添加到"启动"程序组中。

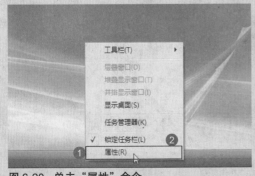

图 6-20 单击"属性"命令

7 "任务栏和 [开始] 菜单属性"对话框

❶ 在任务栏上右击鼠标。
❷ 在弹出的快捷菜单中单击"属性"命令,如图 6-20 所示。

Lesson 6 Lesson 7 Lesson 8 Lesson 9 Lesson 10

新视听课堂 电脑入门 轻松互动学

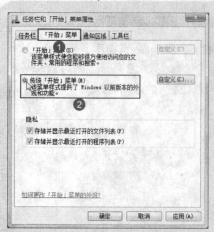

图 6-21　选择开始菜单的样式

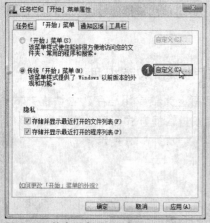

图 6-22　单击"自定义"按钮

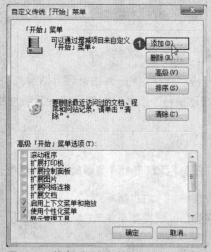

图 6-23　单击"添加"按钮

选择开始菜单样式

1 在弹出的"任务栏和 [开始] 菜单属性"对话框中单击"[开始] 菜单"标签，切换至"[开始] 菜单"选项卡下。

2 单击"传统 [开始] 菜单"单选按钮，如图 6-21 所示。

"自定义传统 [开始] 菜单"对话框

1 单击"传统 [开始] 菜单"单选按钮右侧的"自定义"按钮，如图 6-22 所示，即可打开"自定义传统 [开始] 菜单"对话框。

打开"创建快捷方式"对话框

1 在弹出的"自定义传统 [开始] 菜单"对话框中，单击"添加"按钮，如图 6-23 所示。

102

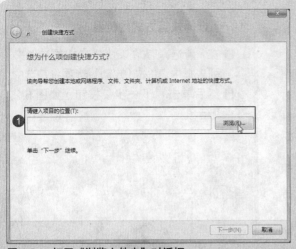

图 6-24　打开"浏览文件夹"对话框

图 6-25　选择目标快捷方式

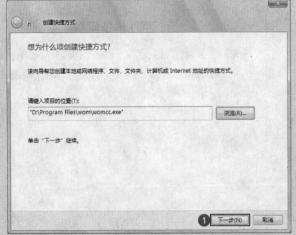

图 6-26　单击"下一步"按钮

5　打开"浏览文件夹"对话框

❶ 在弹出的"创建快捷方式"对话框中，用户可直接在"请输入项目的位置"文本框中输入应用程序的安装位置和名称，或者单击该文本框右侧的"浏览"按钮，如图 6-24 所示。

6　选择目标快捷方式

❶ 在弹出的"浏览文件或文件夹"对话框中，打开应用程序所在的目录，然后选中应用程序的图标。

❷ 单击"确定"按钮，如图 6-25 所示。

7　"想将快捷方式置于何处？"界面

❶ 返回到"创建快捷方式"对话框中，如图 6-26 所示，单击"下一步"按钮。

Lesson 6　Lesson 7　Lesson 8　Lesson 9　Lesson 10

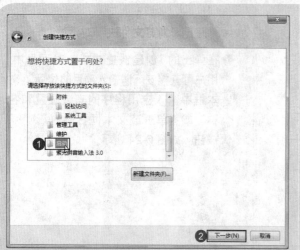

图 6-27　选择快捷方式的位置

⑧ 选择快捷方式的位置

❶ 在"请选择存放该快捷方式的文件夹"列表框中,单击"启动"选项将其选中。

❷ 然后单击"下一步"按钮,如图 6-27 所示。

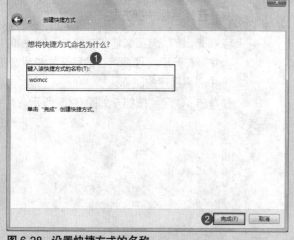

图 6-28　设置快捷方式的名称

⑨ 设置快捷方式的名称

❶ 在"键入该快捷方式的名称"文本框中输入应用程序在启动选项内显示的名称。

❷ 单击"完成"按钮,如图 6-28 所示。

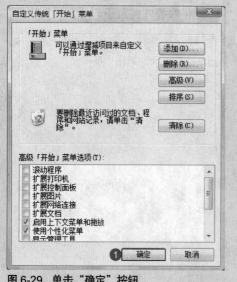

图 6-29　单击"确定"按钮

⑩ 单击"确定"按钮

❶ 返回到"自定义传统 [开始] 菜单"对话框,单击"确定"按钮,如图 6-29 所示。

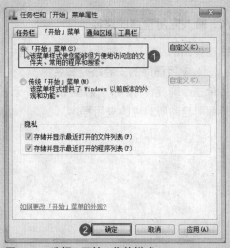

图 6-30　选择 [开始] 菜单样式

11 选择 [开始] 菜单样式

❶ 返回到"任务栏和 [开始] 菜单属性"对话框,单击"[开始] 菜单"单选按钮。

❷ 单击"确定"按钮,应用该设置,如图 6-30 所示。

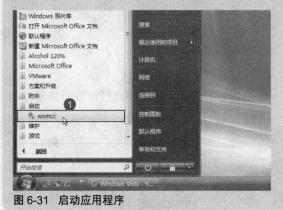

图 6-31　启动应用程序

12 启动应用程序

❶ 设置完毕后,单击"开始 > 所有程序"命令,并在刚才所设置的"启动"文件夹中找到所对应的应用程序,单击该应用程序,如图 6-31 所示。

 动手练一练 | 从命令行启动应用程序

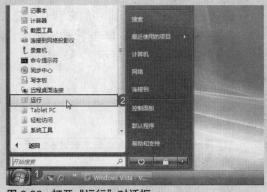

图 6-32　打开"运行"对话框

1 打开"运行"对话框

❶ 单击桌面上的"开始"按钮。

❷ 在弹出的菜单中单击"所有程序 > 运行"命令,如图 6-32 所示。

图 6-33　输入应用程序的路径

2 输入应用程序的路径

❶ 在弹出的"打开"对话框中的文本框中输入应用程序的安装路径和名称。

❷ 单击"确定"按钮，如图 6-33 所示，即可启动所对应的应用程序。

BASIC

6.3　关闭应用程序

如果需要关闭并退出应用程序，就按照下面的操作方法进行。下面以退出 Word 2007 为例，详细介绍退出应用程序的方法。

图 6-34　单击"关闭"按钮

方法一：使用窗口控制按钮关闭程序

❶ 将鼠标指针移动到程序窗口的右上角单击窗口控制按钮中的"关闭"按钮，如图 6-34 所示，即可关闭该程序。

TIPS

高手点拨

如果在关闭 Word 之前没有保存文档，那么系统会弹出提示框，询问用户是否保存该文档。

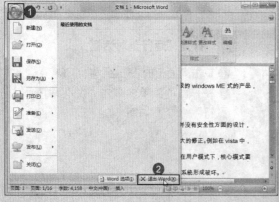

图 6-35　单击"退出 Word"按钮

方法二：通过按钮退出

❶ 单击 Word 2007 窗口中的 Office 按钮。

❷ 在弹出的菜单中单击"退出 Word"按钮，如图 6-35 所示。

TIPS

高手点拨

用户还可以按下键盘上的快捷键 Alt + F4 来关闭当前程序。

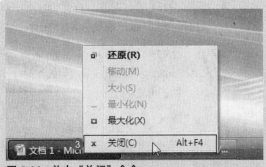

图 6-36 单击"关闭"命令

方法三：使用快捷菜单退出程序

❶ 首先将程序最小化。

❷ 右击任务栏中最小化程序图标。

❸ 在弹出的快捷菜单中单击"关闭"命令，
如图 6-36 所示。

方法四：使用任务管理器关闭程序

❶ 按下键盘上的快捷键 Ctrl + Alt +
Delete，切换至如图 6-37 所示的界面。

❷ 单击"启动任务管理器"选项。

图 6-37 打开"启动任务管理器"

❸ 在弹出的"Windows 任务管理器"窗口
中，切换至"应用程序"选项卡下。

❹ 选中需要结束任务的任务图标。

❺ 单击"结束任务"按钮，如图 6-38 所示。

图 6-38 结束任务

6.4 卸载程序

一般来说卸载 Windows 应用程序可以使用两种方法：使用软件包里的卸载程序或使用"添加 /
删除程序"工具。

6.4.1 使用卸载程序卸载软件

在卸载程序的时候，通过该应用程序自带的卸载程序来卸载该应用程序，具体的方法如下。

Lesson 6　Lesson 7　Lesson 8　Lesson 9　Lesson 10

图 6-39　单击"卸载快车"命令

1 打开"用户账户控制"对话框

❶ 单击"开始 > 所有程序 > 附件 > 快车（FlashGet）> 卸载 快车（FlashGet）"命令，如图 6-39 所示。

图 6-40　设置"用户账户控制"选项

2 设置"用户账户控制"选项

❶ 这时系统会弹出"用户账户控制"对话框，提示该程序是一个未能识别的程序，单击"允许"选项，如图 6-40 所示。

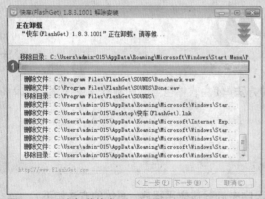

图 6-41　卸载软件

3 卸载软件

❶ 单击"允许"选项后，会弹出"快车（FlashGet）解除安装"对话框，如图 6-41 所示，单击"卸载"按钮，即可开始卸载快车（FlashGet）。

图 6-42　正在卸载快车（FlashGet）

4 正在卸载快车（FlashGet）

❶ 单击"卸载"按钮后，系统就开始卸载快车（FlashGet），并同时会显示卸载的进度，如图 6-42 所示。

图 6-43　完成卸载

5 完成卸载

❶ 当系统卸载完快车（FlashGet）后，会提示用户"快车（FlashGet）已从您的计算机中卸载。"单击"完成"按钮，如图 6-43 所示。

6.4.2　通过控制面板卸载软件

如果需要卸载的应用软件中没有卸载程序，那么就要通过控制面板来卸载软件，具体方法如下。

图 6-44　打开"控制面板"窗口

1 打开"控制面板"窗口

❶ 单击"开始 > 控制面板"命令，如图 6-44 所示，即可打开"控制面板"窗口。

图 6-45　打开"程序和功能"窗口

2 打开"程序和功能"窗口

❶ 在弹出的"控制面板"窗口中双击"程序和功能"图标，如图 6-45 所示，即可打开"程序和功能"窗口。

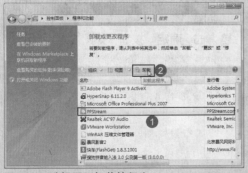

图 6-46　选择需要卸载的程序

3 选择需要卸载的程序

❶ 在"卸载或更改程序"列表框中显示了在 Windows 中已经注册的应用程序。单击需要删除的程序，例如单击"PPStream"选项。

❷ 单击"卸载 / 更改"按钮，如图 6-46 所示。

图 6-47　选择继续

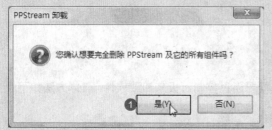

图 6-48　确定删除 PPStream

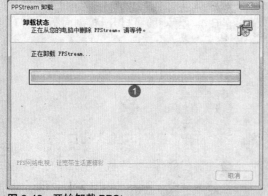

图 6-49　开始卸载 PPStream

图 6-50　完成卸载

4 选择继续

❶ 系统弹出"用户账户控制"对话框，提示用户"Windows 需要您的许可才能继续"，单击"继续"按钮，如图 6-47 所示。

5 确定删除 PPStream

❶ 单击"继续"按钮后，系统会弹出"PPStream 卸载"对话框。如果用户确定卸载 PPStream，则单击"是"按钮，如图 6-48 所示。

6 开始卸载 PPStream

❶ 单击"是"按钮后，系统就开始卸载 PPStream，如图 6-49 所示，并同时显示卸载进度。

7 完成卸载

❶ 当将 PPStream 卸载了之后，系统会弹出提示框，提示用户已经将 PPStream 卸载。

❷ 单击"确定"按钮，如图 6-50 所示。

PRACTICE

6.5 知识点综合运用——关闭 Windows 功能

在前面的章节中向用户介绍了打开 Windows 功能的方法，同样，按照这样的方法也可以关闭一些不需要的功能。具体的操作步骤如下。

图 6-51 打开"控制面板"窗口

1 打开"控制面板"窗口

❶ 单击"开始 > 控制面板"命令，如图6-51 所示，即可打开"控制面板"窗口。

图 6-52 打开"程序和功能"窗口

2 打开"程序和功能"窗口

❶ 在弹出的"控制面板"对话框中，双击"程序和功能"图标，如图 6-52 所示，即可打开"程序和功能"窗口。

图 6-53 打开"Windows 功能"对话框

3 打开"Windows 功能"对话框

❶ 单击"任务"窗格中的"打开关闭Windows 功能"选项，如图 6-53 所示。

Lesson 6　Lesson 7　Lesson 8　Lesson 9　Lesson 10

图 6-54　选择继续

图 6-55　选择目标组件

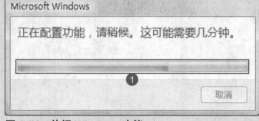

图 6-56　关闭 Windows 功能

4 选择继续

❶ 系统弹出"用户账户控制"对话框，提示用户"Windows 需要您的许可才能继续"，此时单击"继续"按钮，如图 6-54 所示。

5 选择目标组件

❶ 单击"继续"按钮后，弹出"Windows 功能"对话框，取消勾选所需删除的功能前的复选框，如图 6-55 所示。

❷ 设置完毕后，单击"确定"按钮。

6 关闭 Windows 功能

❶ 经过操作后，系统会将选中的程序从 Windows 中删除，如图 6-56 所示，并同时显示删除进度。

新手提问

❶ **安装了一个程序，但为什么未看到其列出在"程序和功能"列表中？**

答：在"程序和功能"列表中仅会显示为 Windows 编写的程序。如果未看到列出该程序，并且希望卸载该程序，就请检查该程序附带的信息。

❷ **Windows 附带的某些程序不会显示在"程序和功能"列表下，如何安装或卸载它们？**

答：通过使用控制面板中的 Windows 功能，可以控制对某些 Windows 程序的访问。有关的详细信息，请参阅打开或关闭 Windows 功能。

③　尝试从 CD 安装程序时，插入 CD 后却没有任何反应，为什么？

答：如果程序未开始安装，请浏览程序的安装文件（通常文件名为 Setup.exe 或 Install.exe），然后双击图标开始安装。如果该操作不起作用，请检查程序附带的信息或访问制造商的网站。

---

④　为什么无法安装 Windows 早期开发的版本程序？

答：为 Windows XP 编写的大多数程序也可运行于 Windows Vista 版本中，但一些旧版本的程序可能会运行不畅或根本无法运行。如果旧版本的程序无法正常运行，请启动程序兼容性向导模拟 Windows 的早期版本。

---

⑤　如何更改或修复程序？

答：除了安装和卸载外，还可以更改或修复显示在"程序和功能"列表中的某些程序。单击"控制面板"中的"程序与功能"窗口中的"更改"或"卸载 / 更改"（取决于所显示的按钮）按钮，确认能够安装或卸载程序的可选功能。不是所有的程序都可使用"更改"按钮，许多程序只提供"卸载"。

---

⑥　什么是 Windows Installer？

答：Windows Installer 是管理如何在计算机上安装和卸载其他程序的软件。软件发行者可以使用 Windows Installer 来帮助进行安装或卸载处理，以便使程序间的安装和卸载更一致。

---

⑦　什么是 UninstallShield？

答：UninstallShield 是卸载程序的程序，由 Macrovision Corporation 发行。InstallShield（另一个 Macrovision 产品）则会安装程序。安装新程序时有时会包含 UninstallShield，以便在稍后需要时安全卸载该程序。如果收到引用 UninstallShield 的错误消息，则打开 UninstallShield (IsUninst. exe) 的文件可能已经损坏。

---

⑧　程序不响应意味着什么？

答：如果程序没有响应，表示该程序与 Windows 的连接速度比平常慢，一般原因是程序出现了问题。如果是临时问题且选择了等候，则一些程序会再次开始响应。根据可用的选项，还可以选择关闭或重新启动程序。关闭没有响应的程序后，使用该程序打开的所有文件或文档都将关闭，而不仅仅是出现问题时正在查看的文件。有些程序可能试图保存信息，但这取决于正在使用的程序。若要防止信息丢失，请经常保存文件。

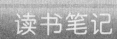

Lesson

Windows 自带的多媒体播放程序

07

本课建议学习时间

　　本课学习时间为 60 分钟，其中建议分配 45 分钟学习 Windows Media Player 11 的使用方法、Windows DVD Maker 的使用方法以及 Windows Media Center 的使用方法，分配 15 分钟观看视频教学并进行练习。

学完本课后您将可以

▶ 掌握 Windows Media Player 11 的使用方法 重点

▶ 掌握 Windows DVD Maker 的使用方法

▶ 掌握 Windows Media Center 的使用方法

▶ 播放 DVD 视频

▶ 收听广播

▶ 制作 DVD 影片

 主要知识点视频链接

BASIC

7.1 使用 Windows Media Player 11

Windows Media Player 11 是 Windows Vista 中自带的一款功能强大的播放器，接下来就向用户介绍 Windows Media Player 11 的使用方法。

7.1.1 启动 Windows Media Player 11 播放器

如果是第一次使用 Windows Media Player 11，则首先需要安装 Windows Media Player，在安装 Windows Media Player 时，可以选择"快速设置"安装和"自定义设置"安装两种方式，接下来就介绍安装并启动 Windows Media Player 11 的方法。

图 7-1　打开 Windows Media Player 11 窗口

1 打开 Windows Media Player 11 窗口

❶ 单击"开始 >Windows Media Player"命令，如图 7-1 所示，即可打开"Windows Media Player 11"窗口。

图 7-2　选中"快速设置"单选按钮

2 Windows Media Player 11 初始设置

❶ 单击"快速设置"单选按钮，如图 7-2 所示。

❷ 单击"完成"按钮。

图 7-3　启动 Windows Media Player 播放器

3 启动 Windows Media Player 播放器

❶ 单击"完成"按钮后，即可启动 Windows Media Player 播放器，如图 7-3 所示。

7.1.2　添加并播放音乐

打开了 Windows Media Player 11 之后，接下来就需要创建一个播放列表，将喜欢的音乐添加到播放列表中。

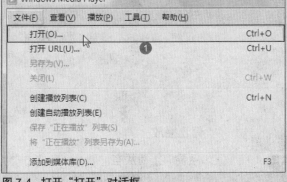

图 7-4　打开"打开"对话框

1 打开"打开"对话框

❶ 打开"Windows Media Player"播放器后，单击"文件 > 打开"命令，如图 7-4 所示，即可打开"打开"对话框。

图 7-5　选择目标文件

2 选择目标文件

❶ 在弹出的"打开"对话框中，打开目标文件夹，并选中需要播放的文件。
❷ 单击"打开"按钮，如图 7-5 所示。

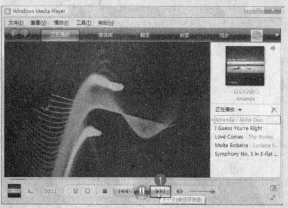

图 7-6 播放音乐

3 播放音乐

1️⃣ 单击"打开"按钮后，Windows Media Player 播放器就开始播放音乐了，并同时显示出该文件的播放进度，如图 7-6 所示。如果需要播放下一首歌曲，则单击"下一个"按钮。

图 7-7 单击"播放"按钮

4 暂停音乐

1️⃣ 如果需要暂停播放当前歌曲，则单击"播放"按钮，如图 7-7 所示，即可暂停当前歌曲的播放，播放按钮也将变成"暂停"按钮。

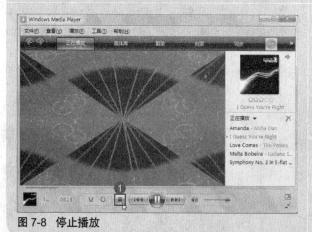

图 7-8 停止播放

5 停止播放

1️⃣ 如果要停止播放当前歌曲，则单击"停止"按钮，如图 7-8 所示。

 动手练一练 ｜ 播放 DVD 视频

还可以使用 Windows Media Player 11 来播放 DVD 视频，具体的操作方法如下。

图 7-9 打开"打开"对话框

1 打开"打开"对话框

❶ 打开"Windows Media Player"播放器后，单击"文件 > 打开"命令，如图 7-9 所示，即可打开"打开"对话框。

图 7-10 选择文件类型

2 选择文件类型

❶ 在弹出的"打开"对话框中单击"媒体文件"按钮，在弹出的下拉列表中单击"所有文件 (**)"选项，如图 7-10 所示。

图 7-11 选择目标文件

3 选择目标文件

❶ 当在"打开"对话框中显示出了所有媒体文件后，即可选择需要播放的目标文件。

❷ 单击"打开"按钮，如图 7-11 所示。

图 7-12 播放 DVD 视频

4 播放 DVD 视频

❶ 这时，Windows Media Player 播放器就开始播放视频了，如图 7-12 所示。

Lesson 6　Lesson 7　Lesson 8　Lesson 9　Lesson 10

7.1.3 播放 Internet 上的媒体文件

用户利用 Windows Media Player 11 还可以播放一些 Internet 上的媒体文件,具体的操作方法如下。

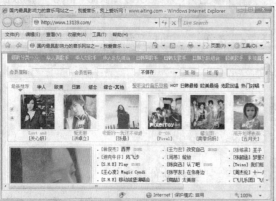

在网页上找到可以在线播放的音频文件或者视频文件,然后直接单击即可使用 Windows Media Player 播放。用户可以在网上的各个音乐网站寻找可以在线播放的流媒体式音频和视频文件,如图 7-13 所示。

图 7-13　播放 Internet 上的媒体文件

动手练一练 ｜ 收听广播

既然 Windows Media Player 11 能够播放 Internet 上的媒体文件,那么 Windows Media Player 11 也可以用来收听电台广播,具体的方法如下。

图 7-14　打开"打开 URL"对话框

1 打开"打开 URL"对话框

❶ 打开 Windows Media Player 播放器,然后单击菜单栏上的"文件 > 打开 URL"命令,如图 7-14 所示。

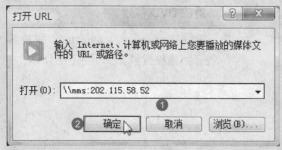

图 7-15　输入 URL 路径

2 输入 URL 路径

❶ 在弹出的"打开 URL"对话框中的"打开"文本框中输入需要打开的媒体文件的 URL 或者路径,如图 7-15 所示。
❷ 输入完毕后,单击"确定"按钮。

BASIC

7.2　Windows DVD Maker

可以使用 Windows DVD Maker 将音频和视频从数字摄像机中传输到您的计算机，还可以将
现有的音频、视频或静态图片导入到 Windows DVD Maker 中，以用于创建电影。

7.2.1　制作 DVD 影片

制作 DVD 影片时，首先需要将要制作成 DVD 的视频文件导入到 Windows DVD Maker 中，然后
对其进行编辑等操作。制作 DVD 影片的具体操作步骤如下。

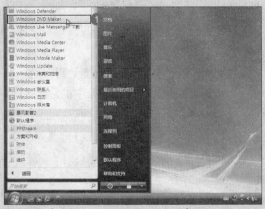

图 7-16　打开 Windows DVD Maker 窗口

1 打开 Windows DVD Maker 窗口

❶ 单击"开始 >Windows DVD Maker"
命令，如图 7-16 所示。

图 7-17　单击"添加项目"按钮

2 "向 DVD 添加图片和视频"对话框

❶ 在弹出的 Windows DVD Maker 窗口中
单击"添加项目"按钮，如图 7-17 所示，
即可打开"将项目添加到 DVD"对话框。

图 7-18　选择目标文件

3 选择目标文件

❶ 在弹出的"将项目添加到 DVD"对话框
中选择目标文件，如图 7-18 所示。
❷ 单击"添加"按钮。

Lesson 6　Lesson 7　Lesson 8　Lesson 9　Lesson 10

121

图 7-19　显示添加的文件

4 显示添加的文件

❶ 经过操作后，则将选择的文件添加到了 Windows DVD Maker 窗口中，如图 7-19 所示，设置完毕后，单击"下一步"按钮。

图 7-20　选择菜单样式

5 选择菜单样式

❶ 进入到"准备好刻录光盘"界面后，单击"菜单样式"列表框中的"分层式"选项，如图 7-20 所示。

图 7-21　刻录 DVD

6 刻录 DVD

❶ 如果需要将制作好的影片刻录成 DVD，则在"准备好刻录光盘"界面中单击"刻录"按钮。

7.2.2　设置 Windows DVD Maker 选项

用户在使用 Windows DVD Maker 制作影片的时候，还需要对视频的格式进行设置，例如对 DVD 纵横比的设置。

图 7-22　单击"选项"选项

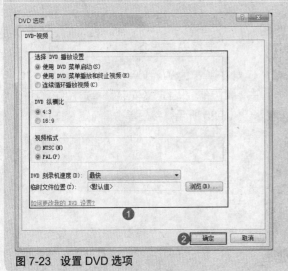

图 7-23　设置 DVD 选项

1 打开"Windows DVD Maker"对话框

❶ 单击"选项"选项，如图 7-22 所示，即可打开"DVD 选项"对话框。

2 设置 DVD 选项

❶ 在弹出的"DVD 选项"对话框中，可设置 DVD 相关的选项，如图 7-23 所示。

❷ 设置完毕后，单击"确定"按钮。

7.3　Windows Media Center

如果需要处理各种多媒体内容，例如观看或录制的电视、聆听数字音乐、查看图片和个人视频、玩游戏、刻录 CD 和 DVD、收听调频广播电台和 Internet 广播电台，或者访问联机服务内容时，可以使用 Windows Media Center。此外还可以使用 Windows Media Center 制作自己的音乐 CD。

7.3.1　安装 Windows Media Center

如果是第一次使用 Windows Media Center，就需要对 Windows Media Center 进行安装并设置其选项。

图 7-24 打开 "Windows Media Center" 窗口

1 打开 "Windows Media Center" 窗口

❶ 单击 "开始 >Windows Media Center" 命令, 如图 7-24 所示, 即可打开 Windows Media Center 窗口。

图 7-25 选择安装选项

2 选择安装选项

❶ 在弹出的 Windows Media Center 窗口中单击 "自定义安装" 单选按钮, 如图 7-25 所示, 然后单击 "确定" 按钮。

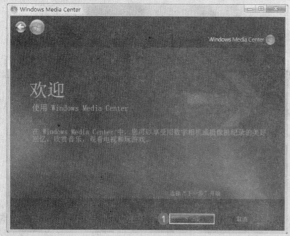

图 7-26 单击 "下一步" 按钮

3 安装 Windows Media Center

❶ 进入 "欢迎使用 Windows Media Center" 界面后, 单击 "下一步" 按钮, 如图 7-26 所示。

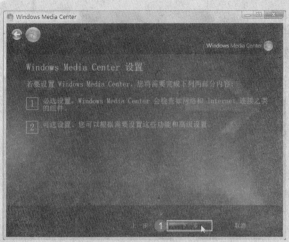

图 7-27　Windows Media Center 设置

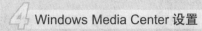

4 Windows Media Center 设置

① 进入 Windows Media Center 设置界面后，单击"下一步"按钮，如图 7-27 所示。

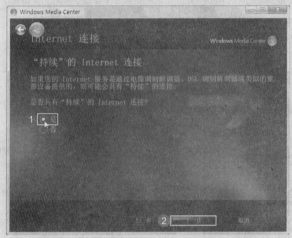

图 7-28　单击"下一步"按钮

5 设置"'持续'的 Internet 连接"

① 进入到"'持续'的 Internet 连接"界面后，单击"是"单选按钮，如图 7-28 所示。

② 单击"下一步"按钮。

图 7-29　测试 Internet 连接

6 测试 Internet 连接

① 如果需要对 Internet 连接进行测试，则单击"测试"按钮，如果不需要测试则单击"下一步"按钮，如图 7-29 所示。

Lesson 6

Lesson 7

Lesson 8

Lesson 9

Lesson 10

图 7-30　查看联机隐私声明

7 查看联机隐私声明

① 进入到"Windows Media Center 隐私声明"界面后，如果需要查看联机隐私声明，则单击"查看联机隐私声明"按钮。

② 如果不需要，则单击"下一步"按钮，如图 7-30 所示。

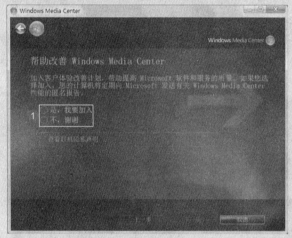

图 7-31　帮助改善

8 帮助改善 Windows Media Center

① 进入"帮助改善 Windows Media Center"界面后，如果需要改善 Windows Media Center，则单击"是，我要加入"单选按钮，如果不需要，则单击"不,谢谢"单选按钮,如图 7-31 所示。

图 7-32　单击"下一步"按钮

9 充分利用 Windows Media Center

① 进入"充分利用 Windows Media Center"界面后,如果需要定期连接到 Internet,下载可以提高 Windows Media Center 的内容，则单击"是"单选按钮，如图 7-32 所示。

② 单击"下一步"按钮。

图 7-33　查看已设置必选组件

10 查看已设置必选组件

❶ 进入到"已设置必选组件"界面后，系统已经成功设置了所需的组件，设置完毕后，单击"下一步"按钮，如图 7-33 所示。

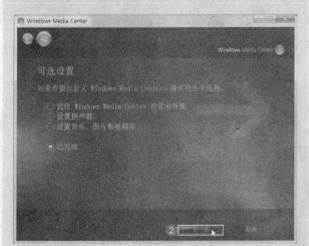

图 7-34　可选设置

11 可选设置

❶ 进入"可选设置"界面后，如果要自定义 Windows Media Center，则单击相应的单选按钮，如果不需要自定义则单击"已完成"单选按钮。

❷ 设置完毕后，单击"下一步"按钮，如图 7-34 所示。

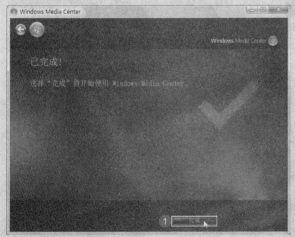

图 7-35　单击"完成"按钮

12 完成设置

❶ 进入"已完成！"界面，经过操作后，则对 Windows Media Center 进行了设置，单击"完成"按钮，如图 7-35 所示。

Lesson 6　Lesson 7　Lesson 8　Lesson 9　Lesson 10

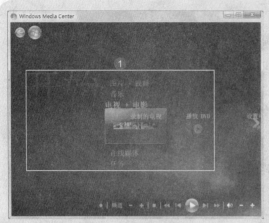

图 7-36 Windows Media Center 界面

13 显示 Windows Media Center

❶ 经过操作后，则完成了"Windows Media Center"的设置，效果如图 7-36 所示。

7.3.2 查看录制的节目

安装了 Windows Media Center 之后，接下来介绍使用 Windows Media Center 查看录制界面的方法。

图 7-37 选中播放选项

1 选中播放选项

❶ 打开"Windows Media Center"窗口，选中"电视＋电影"选项，如图 7-37 所示，即可进入录制的电视界面。

图 7-38 单击"向下"按钮

高手点拨

如果需要打开其他的选项，则单击如图 7-38 所示的向上或向下按钮。

图 7-39 选择录制的电视

2 选择录制的电视

❶ 进入到"录制的电视"界面，并选择一个需要查看的电影，如图 7-39 所示。

图 7-40 播放视频

3 播放视频

❶ 单击"播放"按钮，如图 7-40 所示，即可开始播放影片。

图 7-41 显示出正在播放的影片

4 显示出正在播放的影片

❶ 经过操作后，系统开始播放选中的目标文件，如图 7-41 所示。如果需要退出播放，则单击"停止"按钮。

图 7-42 单击"完成"按钮

5 完成 Windows Media Center 安装

❶ 返回 Windows Media Center 窗口，单击"完成"按钮，如图 7-42 所示，就完成了对 Windows Media Center 的安装。

图 7-43 设置全屏播放

6 进入全屏播放模式

❶ 单击 Windows Media Center 窗口中的 ▣ 按钮，如图 7-43 所示，即可进入全屏播放模式。

7.4 使用录音机

在 Windows Vista 中还自带了一个录音机程序，其功能强大，用户可以通过它来录制自己喜欢的声音，也可以通过录音机来实现一些简单的音效合成。

7.4.1 录制声音

用户在录制声音之前，需要启动录音机，然后再对声音进行录制，具体的方法如下。

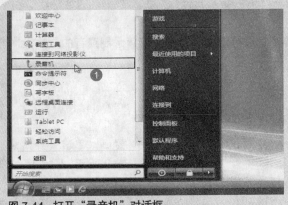

图 7-44 打开"录音机"对话框

Lesson 6

打开"录音机"窗口

❶ 单击"开始 > 所有程序 > 附件 > 录音机"命令，如图 7-44 所示，即可打开"录音机"窗口。

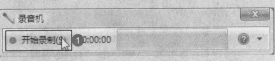

图 7-45 录制声音

录制声音

❶ 在弹出的"录音机"窗口中单击"开始录制"按钮，如图 7-45 所示，即可开始录制声音。

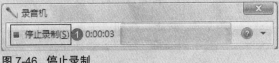

图 7-46 停止录制

停止录制

❶ 录音完毕后，则单击"停止录制"按钮，如图 7-46 所示，系统就会打开"另存为"对话框。

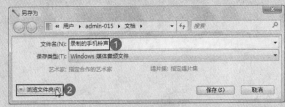

图 7-47 展开"另存为"对话框

展开"另存为"对话框

❶ 在"文件名"文本框中输入文件名。
❷ 单击"浏览文件夹"按钮，如图 7-47 所示，即可将对话框展开。

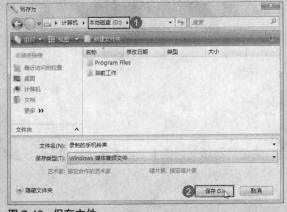

图 7-48 保存文件

保存文件

❶ 展开对话框后，即可设置该文件保存的位置。
❷ 设置完毕后，单击"保存"按钮，如图 7-48 所示。

Lesson 7 Lesson 8 Lesson 9 Lesson 10

7.4.2 继续录制声音

Windows Vista 系统中的录音机是可以在暂停录音后再继续录音的。继续录制声音的具体操作方法如下。

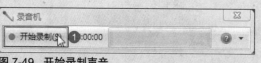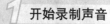

图 7-49 开始录制声音

1 开始录制声音

❶ 打开"录音机"窗口，单击"开始录音"按钮，如图 7-49 所示，开始录音。

图 7-50 停止录音

2 停止录音

❶ 如果在录音的时候，中途需要暂停录音，则单击"停止录音"按钮，如图 7-50所示。

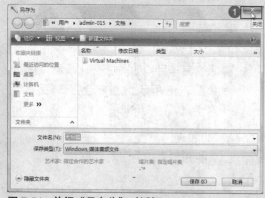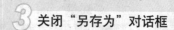

图 7-51 关闭"另存为"对话框

3 关闭"另存为"对话框

❶ 单击"关闭"按钮，关闭弹出的"另存为"对话框，如图 7-51 所示。

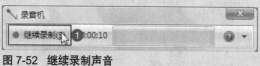

图 7-52 继续录制声音

4 继续录制声音

❶ 返回到"录音机"窗口，然后单击"继续录制"按钮，如图 7-52 所示，即可继续录制声音。

7.5 语音设置

在多媒体应用中，系统可以将文字读出来并合成为语音再输出。接下来就简单介绍语音的设置方法。

图 7-53 打开"控制面板"窗口

1 打开"控制面板"窗口

❶ 单击"开始 > 控制面板"命令,如图 7-53 所示,即可打开"控制面板"窗口。

图 7-54 选择高级语音选项

2 选择高级语音选项

❶ 在弹出的"控制面板"窗口中,双击"语音识别选项"图标,如图 7-54 所示,即可打开"语音属性"对话框。

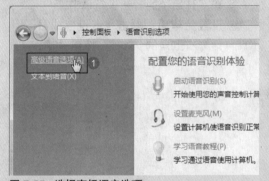

图 7-55 选择高级语音选项

3 选择高级语音选项

❶ 在打开的"语音识别选项"窗口中单击"高级语音选项"选项,如图 7-55 所示。

图 7-56 设置语音识别选项

4 设置语音识别选项

❶ 在弹出的"语音属性"对话框中,切换至"语音识别"选项卡下。
❷ 对"语音识别"选项进行设置,如图 7-56 所示。

7.6 知识点综合运用——合成器的设置

在 Windows Vista 中，对音量设置的功能中新增加了一个"音量合成器"功能，此合成器类似于 Windows XP 下的"声音卫士"，用户可以通过其对系统的声音大小等进行设置。

图 7-57 打开"音量合成器"对话框

1 打开"音量合成器"对话框

❶ 单击桌面右下角 按钮，在弹出的面板中单击"合成器"选项，如图 7-57 所示，即可打开"音量合成器"对话框。

图 7-58 设置音量

2 设置音量

❶ 在弹出的"音量合成器"对话框中，即可对"扬声器"、"Windows 声音"和"开始"的音量进行调节。

❷ 设置完毕后，单击"音量合成器"对话框右上角的"关闭"按钮，如图 7-58 所示。

新手提问

❶ 为什么 DVD 的数字音频不起作用？

答：DVD 音频是由在"设置扬声器"中选择的扬声器配置、将计算机连接到扬声器或立体声接收器时使用的音频连接类型以及 Windows Media Center 中的 DVD 音频设置决定的。此外，数字音频是否可用还取决于计算机上安装的音频硬件所启用的选项。

❷ 为什么 DVD 视频失真？

答：如果计算机上安装了其他 DVD 播放器应用程序，则 DVD 视频可能会失真。由于不同的软件都要对 DVD 视频进行解码，以播放 DVD 视频，因此会出现上述情况。删除其他 DVD 播放器应用程序，就可解决此问题。

❸　为什么 DVD 无法播放？

答：可能因为一种或多种原因而无法播放。以下是可能的原因罗列以及尝试解决此问题时可以采取的一些步骤：计算机上安装了多个 DVD 播放器应用程序，导致 Windows Media Center 无法播放 DVD，关闭或卸载其他 DVD 播放器应用程序；DVD 驱动器已禁用，应检查是否启用了 DVD-ROM 驱动器；显示器分辨率或连接类型不支持播放该 DVD 所需的复制保护技术，可以将显示器分辨率更改为 640x480 或 720x480，或者，可以将显示器和计算机之间的电缆连接更改为使用 DVI 或 VGA 电缆；某些 DVD-ROM 驱动器仅能够读取 DVD+R 或 DVD-R 光盘，如果将视频 DVD 刻录成 DVD-ROM 驱动器不支持的 DVD 类型，则也无法播放该 DVD。

❹　为什么 Windows Media Center 中不显示电影信息或封面？

答：电影信息和封面图像可能会因为以下任意原因而无法显示：计算机没有连接到 Internet，因此 Windows Media Center 无法检索信息和封面图像；电影信息和图像在您所在的国家或地区不可用；当前电影或 DVD 的电影信息和图像不可用。

❺　如何更改在插入设备或光盘时自动播放打开的程序？

答：如果不要再看到"自动播放"对话框，就选中设备或光盘旁边的"不执行操作"选项；若要在每次插入设备或光盘时都选择操作，就选中"每次都询问"选项；若要每次都自动打开某程序，就选择该程序。

❻　刻录音频 CD 时为什么询问是否跳过某个文件？

答：在刻录开始之前，Windows Media Center 将会对刻录列表中的文件进行初始检查。如果文件出现错误，不能刻录；如果文件受到媒体使用权限的保护，该权限禁止将其刻录到音频 CD，或限制文件刻录到音频 CD 的次数，则也不可刻录；如果 Windows Media Center 在初始检查过程中遇到一个或多个文件出现问题，则会提示选择跳过这些文件并继续刻录列表中的其他文件，还是选择停止刻录过程以便尝试解决该问题。如果 Windows Media Center 在初始检查之后发现有文件出现问题，则必须在解决该问题或者从刻录列表中删除这些文件后才能继续刻录。

❼　为什么音乐文件无法播放？

答：音乐文件无法在 Windows Media Center 中播放，可能是由于以下原因造成的。

（1）该文件的文件格式不受支持。

（2）文件可能已损坏。

（3）文件所在的网络位置当前不可用。应确保所有计算机都已打开并连接到网络。

（4）计算机可能还没有用于播放文件的更新的许可证。在 Windows Media Center 提示您下载许可证之后才能开始播放文件。

❽ **为什么无法播放 CD？**

答：如果 CD-ROM 驱动器已被禁用，则 CD 无法播放。请检查 CD-ROM 驱动器是否已启用。此外，如果在 Windows 设置中关闭了自动播放功能，则 CD 也无法自动启动。

Lesson

Windows 自带的工具与游戏

08

本课建议学习时间

本课学习时间为 40 分钟，其中建议分配 30 分钟学习电脑的基础知识和开机、关机的操作方法，分配 10 分钟观看视频教学并进行练习。

学完本课后您将可以

- 掌握电脑的基础知识
- 掌握 Windows 安装的方法 重点
- 掌握电脑的开机和关机的基础操作 重点

▶ 启动 Windows 照片库

▶ 启动记事本

▶ 退出文档

主要知识点视频链接

BASIC

8.1 记事本

"记事本"是 Windows Vista 系统自带的一种简单的字处理应用程序。使用"记事本"可以写文章、建立备忘录、写信、写报告以及进行其他简单的文字处理。下面介绍使用写字板的方法。

8.1.1 启动记事本

图 8-1 打开记事本

1 打开记事本

❶ 单击"开始"按钮。在弹出的快捷菜单中单击"所有程序 > 附件 > 记事本"命令，如图 8-1 所示。

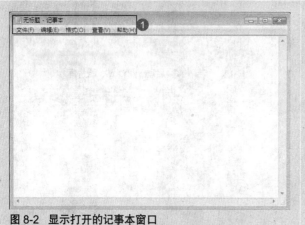

图 8-2 显示打开的记事本窗口

2 显示打开的记事本窗口

❶ 在桌面上就打开了"无标题－记事本"窗口，如图 8-2 所示。

8.1.2 打开已有文件

如果需要通过记事本打开已有的文件，就可以使用下面的方法。

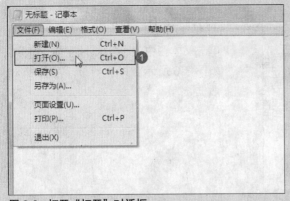

图 8-3　打开"打开"对话框

Lesson 6　Lesson 7　Lesson 8　Lesson 9　Lesson 10

1　打开"打开"对话框

❶ 单击菜单栏中的"文件 > 打开"命令，如图 8-3 所示。

TIPS

高手点拨

按下键盘上的快捷键 Ctrl + O，同样可以打开"打开"对话框。

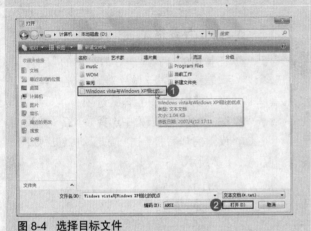

图 8-4　选择目标文件

2　选择目标文件

❶ 在弹出的"打开"对话框中，选择需要打开的目标文件的路径，并选中需要打开的文件。

❷ 单击"打开"按钮，如图 8-4 所示。

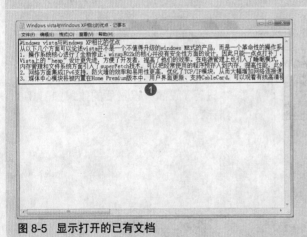

图 8-5　显示打开的已有文档

3　显示打开的已有文档

❶ 经过操作后，就将已有的文档打开了，打开文档后的效果如图 8-5 所示。

8.1.3　设置文档格式

当编辑完记事本中的文档后，为了使文档中的文本更加美观，可以对文档进行设置。

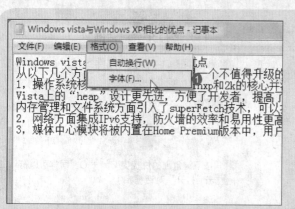

图 8-6　打开"字体"对话框

1 打开"字体"对话框

❶ 单击菜单栏中的"格式 > 字体"命令，如图 8-6 所示，即可打开"字体"对话框。

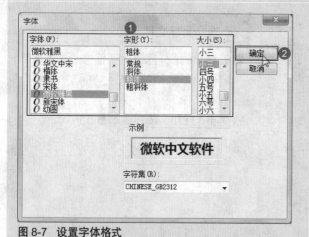

图 8-7　设置字体格式

2 设置字体格式

❶ 在弹出的"字体"对话框中的"字体"列表框中选择"微软雅黑"，在"字型"列表框中选择"粗体"选项。

❷ 在"大小"列表框中选择"小三"选项。设置完毕后，单击"确定"按钮，如图 8-7 所示。

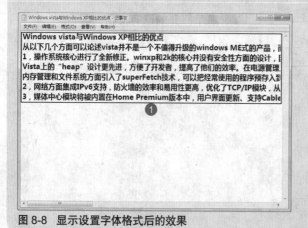

图 8-8　显示设置字体格式后的效果

3 显示设置字体格式后的效果

❶ 经过操作后，就对记事本中所有的文本进行了设置，设置后的效果如图 8-8 所示。

8.1.4　打印文档

用户还可以将输入在记事本中的文档打印出来，打印文档的方法如下。

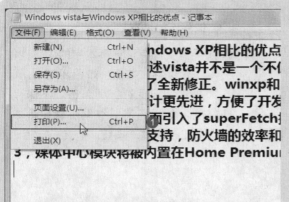

图 8-9　打开"打印"对话框

打开"打印"对话框

❶ 单击菜单栏中的"文件 > 打印"命令,
如图 8-9 所示, 即可打开"打印"对
话框。

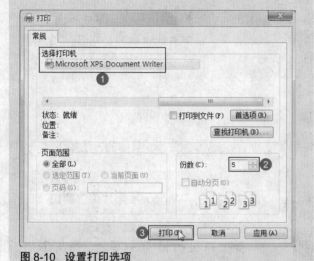

图 8-10　设置打印选项

设置打印选项

❶ 首先在"选择打印机"对话框中选择所
需的打印机。

❷ 在"份数"文本框中输入所需打印的份
数数值, 例如输入"5"。

❸ 设置完毕后, 单击"打印"按钮, 如图
8-10 所示。

动手练一练 ｜ 退出文档

在前面已经介绍了退出程序的方法, 那么接下来就可以试一试退出记事本的操作, 具体如下。

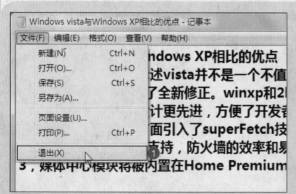

图 8-11　退出记事本

退出记事本

❶ 单击菜单栏中的"文件 > 退出"命令,
如图 8-11 所示。如果没有保存就关闭
记事本, 那么系统会弹出"记事本"提
示框。

Lesson 6　Lesson 7　Lesson 8　Lesson 9　Lesson 10

141

图 8-12　保存该记事本

2 保存该记事本

❶ 如果需要保存该记事本中的内容，就单击"保存"按钮，如图8-12所示；如果不需要保存，则单击"不保存"按钮；如果还需要继续编辑记事本，则单击"取消"按钮。

BASIC

8.2　Windows 照片库

在 Windows Vista 中新增加了功能强大的照片库，可以通过使用 Windows 照片库来对照片进行分类、分等级的管理，还可以对图片进行一些简单处理。接下来就对 Windows 照片库的使用进行详细介绍。

8.2.1　启动 Windows 照片库

在使用 Windows 照片库处理照片之前，首先需要启动 Windows 照片库，具体的方法如下。

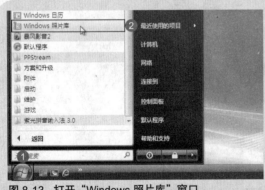

图 8-13　打开"Windows 照片库"窗口

1 打开"Windows 照片库"窗口

❶ 单击桌面上的"开始"按钮。
❷ 在弹出的菜单中单击"所有程序>Windows 照片库"命令，如图8-13所示。

图 8-14　显示打开的 Windows 照片库

2 显示打开的 Windows 照片库

❶ 经过操作后，打开了"Windows 照片库"窗口，如图8-14所示。

8.2.2　为照片库添加图片

用户还可以向照片库中添加图片，其具体的方法如下。

图 8-15　打开"将文件夹添加到图库中"对话框

1 "将文件夹添加到图库中"对话框

❶ 首先打开"Windows 照片库"窗口，然后单击菜单栏中的"文件 > 将文件夹添加到图库中"命令，如图 8-15 所示，即可打开"将文件夹添加到图库中"对话框。

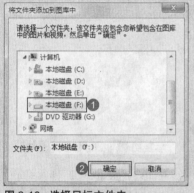

图 8-16　选择目标文件夹

2 选择目标文件夹

❶ 在弹出的"将文件夹添加到图库中"对话框中，可以选定目标文件夹。

❷ 设置完毕后，单击"确定"按钮，如图 8-16 所示。

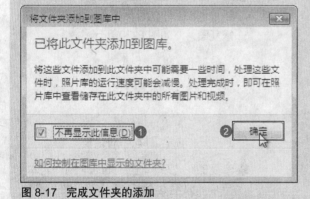

图 8-17　完成文件夹的添加

3 完成文件夹的添加

❶ 经过操作后，系统则会弹出"已将此文件夹添加到图库"提示框，提示用户已经将文件夹添加到图库中了。如果不需要在此显示信息，则勾选"不再显示此信息"复选框。

❷ 单击"确定"按钮，如图 8-17 所示。

8.2.3　使用红眼功能修复图片

Windows 照片库中的"红眼"修复图片的功能可以帮助用户快速处理图片，使用"修复"图片功能来对图片的效果进行编辑的具体方法如下。

图 8-18 打开的"修复图片"窗口

打开的"修复图片"窗口

❶ 首先打开"Windows 照片库"窗口,并选择目标图片,然后单击"修复"按钮,如图 8-18 所示,即可打开"修复图片"窗口。

图 8-19 显示"修复图片"窗口

显示打开的"修复图片"窗口

❶ 这时,就弹出了"修复图片"窗口,如图 8-19 所示。

图 8-20 使用"修复红眼"工具

使用"修复红眼"工具编辑图片

❶ 单击"修复图片"窗口中的"修复红眼"选项。

❷ 这时,鼠标指针呈十字形,将鼠标指针移动到图片中的目标位置,拖动鼠标来修复图片,如图 8-20 所示。

图 8-21 打开"制作副本"对话框

打开"制作副本"对话框

❶ 修复完图片后,单击"文件 > 制作副本"命令,如图 8-21 所示,即可打开"制作副本"对话框。

图 8-22　保存图片

5 保存图片

❶ 在弹出的"制作副本"对话框中，可选择图片保存的路径，然后在"文件名"文本框中输入文件名称，如图 8-22 所示。

❷ 最后单击"保存"按钮。

 动手练一练　|　还原修改的图片

如果觉得修改后的图片效果还没有原始图片的效果好，那么还可以还原修改的图片，具体的操作方法如下。

图 8-23　恢复原始图片

1 恢复原始图片

❶ 如果需要对修改的图片进行还原，则单击"文件 > 恢复为原始图片"命令，如图 8-23 所示。

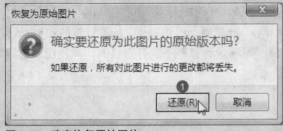

图 8-24　确定恢复原始图片

2 确定恢复原始图片

❶ 此时，系统会弹出"恢复为原始图片"对话框，单击"还原"按钮，如图 8-24 所示，即可将图片还原成原始状态。

8.2.4　设置图片的信息

对于不同的图片，可以对其设置不同的信息，以便区分。下面就介绍设置图片信息的方法。

图 8-25　打开"图片信息"窗口

1 打开"图片信息"窗口

❶ 双击目标图片，如图 8-25 所示，这样就可以打开"图片信息"窗口。

TIPS

高手点拨

在 Windows 照片库窗口中单击"信息"标签，同样可以打开"图片信息"窗格。

图 8-26　为图片设置等级

2 为图片设置等级

❶ 选定目标图片后，在右侧的窗格中将鼠标指针移动到五角星处。按住鼠标不放，向左或者向右拖动鼠标即可为图片划分出等级来，如图 8-26 所示。

BASIC

8.3　计算器

Windows Vista 中的"计算器"程序为用户提供了一个进行算术统计，以及科学计算的工具。它的使用方法和常用计算器的使用方法基本相同。"计算器"程序提供了标准计算器和科学计算器两种功能。标准计算器只能用于标准计算，而科学计算器不仅有很强的计算功能，还具有统计等功能。

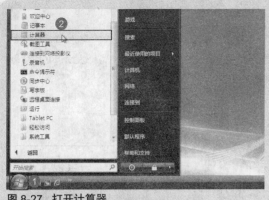

图 8-27　打开计算器

图 8-28　显示打开的计算器

图 8-29　打开"科学型"计算器

图 8-30　显示"科学型"计算器

打开计算器

1 单击桌面上的"开始"按钮。

2 在弹出的菜单中单击"所有程序 > 附件 > 计算器"命令，如图 8-27 所示，即可打开"计算器"。

显示打开的计算器

1 经过操作后，就打开了计算机中自带的计算器，如图 8-28 所示，为标准的计算器。

打开"科学型"计算器

1 在标准计算器界面中单击"查看 > 科学型"命令，如图 8-29 所示，即可打开"科学型"计算器。

显示"科学型"计算器

1 经过操作后，即可将计算器切换到科学型，如图 8-30 所示。

Lesson 6　Lesson 7　Lesson 8　Lesson 9　Lesson 10

BASIC

8.4 游戏

在繁忙的工作之后，玩一玩游戏可以放松一下身心，缓解紧张的工作气氛，Windows Vista 就为用户提供了 10 个游戏。

8.4.1 启动游戏

Windows 中自带的游戏是放在所有程序中的附件中的"游戏"文件夹中的，里面一共包含了 10 个游戏。下面以 Purble Place 游戏为例，简单讲解游戏的操作方法。

图 8-31 启动"Purble Place"游戏

1 启动"Purble Place"游戏

❶ 单击桌面上的"开始"按钮。在弹出的菜单中单击"所有程序 > 附件 > 游戏 > Purble Place"命令，如图 8-31 所示，即可启动游戏"Purble Place"。

图 8-32 显示游戏界面

2 显示游戏

❶ 之后，系统就会启动游戏 Purble Place，并显示出游戏的界面，如图 8-32 所示。

图 8-33 启动新游戏

3 启动新游戏

❶ 单击菜单栏中的"Comfy Cakes 新游戏"命令，如图 8-33 所示，即可启动游戏 Comfy Cakes。

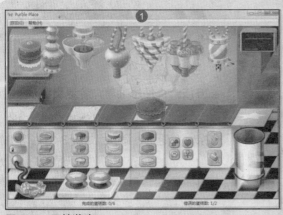

图 8-34 开始游戏

4 开始游戏

❶ 单击"Comfy Cakes 新游戏"命令后，
系统就会直接进入游戏，随后即可开
始游戏，如图 8-34 所示，显示游戏的
界面。

TIPS

高手点拨

> 如果对游戏规则不了解，或者不会玩该游戏，
> 则可以单击菜单栏上的"帮助"命令，对游
> 戏进行了解。

8.4.2 设置游戏选项

如果对游戏的难度或者是游戏的其他选项设置不满意，则可以对游戏的选项进行设置。设置游戏
选项的具体操作步骤如下。

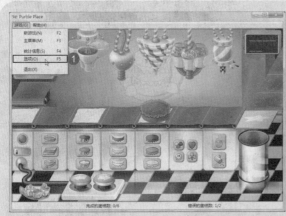

图 8-35 打开"选项"对话框

1 打开"选项"对话框

❶ 单击菜单栏中的"游戏 > 选项"命令，
如图 8-35 所示，即可打开"选项"对
话框。

图 8-36 设置游戏选项

2 设置游戏选项

❶ 在弹出的"选项"对话框中，可对游戏
的一些选项进行设置。
❷ 设置完毕后，单击"确定"按钮，如图
8-36 所示。

8.4.3 退出游戏

如果要结束游戏，则按照下面的方法来退出游戏。

图 8-37 退出游戏

方法一：使用菜单命令退出游戏

❶ 如果需要退出游戏，则单击菜单栏中的"游戏 > 退出"命令，如图 8-37 所示。

图 8-38 关闭游戏

方法二：使用"关闭"按钮退出游戏

❶ 还可以单击窗口右上角的"关闭"按钮退出游戏，如图 8-38 所示。

PRACTICE

8.5 知识点综合运用——对记事本的页面进行设置

在打印记事本中的内容之前，是可以对记事本的页面进行设置的，具体的方法如下。

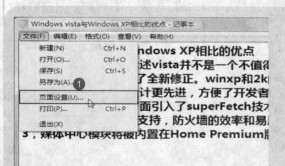

图 8-39 打开"页面设置"对话框

1 打开"页面设置"对话框

❶ 单击菜单栏中的"文件 > 页面设置"命令，如图 8-39 所示，即可打开"页面设置"对话框。

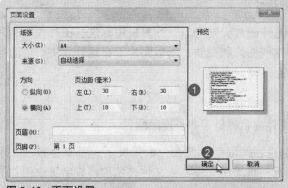

图 8-40　页面设置

2 对页面进行设置

❶ 在弹出的"页面设置"对话框中，用户可以在"纸张"选项组中的"大小"下拉列表中设置纸张的大小。

❷ 在"方向"选项组中单击"横向"单选按钮，如图 8-40 所示。设置完毕后，单击"确定"按钮。

新手提问

❶ 什么是记事本？

答：记事本是一个基本的文本编辑程序，最常用于查看或编辑文本文件。文本通常是由 .txt 文件扩展名标识的文件。

❷ 如何在文档中插入时间和日期？

答：在文档中要添加时间和日期的位置单击，然后单击"编辑"命令，然后选择"时间 / 日期"。

❸ 如何创建页眉或页脚？

答：页眉和页脚是显示在文档上边距和下边距的文本。
单击"文件"命令，然后单击"页面设置"。在"页眉"或"页脚"文本框中键入要使用的页眉和页脚文本。

❹ 如何在记事本文档中转到特定行？

答：即使文档未显示行号，也可以在记事本文档中转到特定行。行数是从文档顶部开始沿左边距向下计算的。单击"编辑"菜单，然后单击"转到"选项。在"行号"框中，键入希望光标跳到的行号，然后单击"确定"。

❺ 照片库支持哪些图片的文件格式？

答：照片库使用以下任意文件类型显示图片和视频：BMP、JPEG、JFIF、TIFF、PNG、WDP、ASF、AVI、MPEG、WMV 只有安装了 Windows Movie Maker，照片库才能显示视频。如果删除 Movie Maker，则可能无法看到视频文件。

Lesson 6　Lesson 7　**Lesson 8**　Lesson 9　Lesson 10

6 导入后是否应该让计算机擦除照相机中的图片？

答：如果导入图片后，不打算在照相机中保留这些图片，则可以让计算机擦除这些图片。因为只有将文件导入计算机之后才会从照相机中擦除这些图片和视频，所以图片不会意外丢失。自动擦除图片非常方便，而且可以节省照相机的用电量。

7 导入图片和视频时，可以选择的文件名或文件夹名称是否有长度限制？

答：是的，有长度限制。大多数情况下，不会遇到此限制，但在少数情况下，可能会显示一条错误消息，报告文件名太长。如果出现这种情况，请缩短文件名或文件夹名称，或者更改图片的导入位置。

8 如何将图片从照相机导入计算机？

答：使用照相机的 USB 电缆将照相机连接到计算机，然后打开照相机，在出现的对话框中，单击"使用 Windows 导入"选项，将图片复制到计算机。

Lesson

09

计算机磁盘维护与系统管理

本课建议学习时间

　　本课学习时间为 60 分钟，其中建议分配 40 分钟学习计算机磁盘维护的方法、查看系统性能方法以及任务管理器的使用方法，分配 10 分钟观看视频教学并进行练习。

学完本课后您将可以

➤ 掌握磁盘维护的方法

➤ 掌握查看系统性能的方法

➤ 掌握任务管理器的使用方法 重点

▶ 打开系统监视器

▶ 检测磁盘

▶ 启动任务管理器

 主要知识点视频链接

BASIC

9.1 磁盘维护与整理

由于不正常关机、长时间使用电脑，或者是垃圾文件，这个时候磁盘就会因为文件错误而降低运行的效率，所以需要不定期的对磁盘进行检查和维护，及时发现和修复错误，并清理磁盘。

9.1.1 检测磁盘

为了提高计算机的速度，可以对磁盘进行检查。检查磁盘的具体操作步骤如下。

图9-1 单击"属性"命令

1 打开"磁盘属性"对话框

❶ 右击需要进行检测的磁盘。

❷ 在弹出的快捷菜单中单击"属性"命令，如图9-1所示，即可打开"磁盘属性"对话框。

图9-2 打开"检测磁盘"对话框

2 打开"检测磁盘"对话框

❶ 在弹出的"属性"对话框中，切换至"工具"选项卡下。

❷ 单击"查错"选项组中的"开始检查"按钮，如图9-2所示。

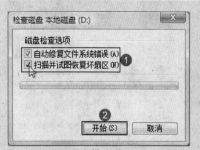

图9-3 设置磁盘检查选项

3 设置磁盘检查选项

❶ 系统将会弹出"用户账户控制"对话框，单击"继续"按钮。

❷ 在弹出的"检查磁盘"对话框中，勾选"磁盘检查"选项组中的"自动修复文件系统错误"复选框，如图9-3所示。然后单击"开始"按钮，即可开始检查磁盘。

9.1.2 整理磁盘碎片

为了使磁盘能够运转更加稳定，那么就对磁盘的碎片进行整理，具体的操作方法如下。

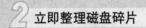

图 9-4 打开"磁盘碎片整理程序"对话框

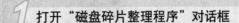

打开"磁盘碎片整理程序"对话框

❶ 右击需要进行磁盘碎片整理程序的磁盘，在弹出的快捷菜单中单击"属性"命令，打开"磁盘属性"对话框，切换至"工具"选项卡下。

❷ 单击"开始整理"按钮，如图 9-4 所示。

TIPS

高手点拨

单击"开始 > 附件 > 系统工具 > 磁盘碎片整理程序"命令，也可以打开"磁盘碎片整理程序"对话框。

立即整理磁盘碎片

❶ 在弹出的"磁盘碎片整理程序"对话框中，单击"立即进行碎片整理"按钮，如图 9-5 所示，即可开始对磁盘碎片进行整理。

图 9-5 立即整理磁盘碎片

TIPS

高手点拨

如果需要取消对磁盘碎片的整理，那么就单击"取消碎片整理"按钮，如图 9-6 所示。

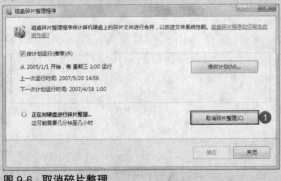

图 9-6 取消碎片整理

9.1.3 清理磁盘

清理磁盘中的垃圾文件后，同样可以起到维护磁盘并扩大磁盘空间的作用，具体的方法如下。

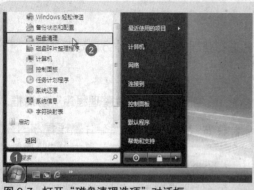

图 9-7　打开"磁盘清理选项"对话框

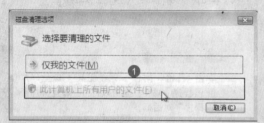

图 9-8　选择磁盘清理选项

图 9-9　同意许可操作

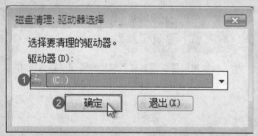

图 9-10　选择驱动器

图 9-11　对磁盘进行清理

1 打开"磁盘清理选项"对话框

① 单击桌面上的"开始"按钮。

② 在弹出的菜单中单击"所有程序 > 附件 > 系统工具 > 磁盘清理"命令，如图 9-7 所示，即可打开"磁盘清理选项"对话框。

2 选择磁盘清理选项

① 在弹出的"磁盘碎片整理程序"对话框中，选择"此计算机上所有用户的文件"选项，那么系统将对整个计算机中的文件进行清理，如图 9-8 所示。

3 同意许可操作

① 这时，系统将弹出"用户账户控制"对话框，单击"继续"按钮，如图 9-9 所示。

4 选择驱动器

① 在弹出的"清理磁盘"对话框中，在"驱动器"下拉列表中选择需要清理的驱动器。

② 单击"确定"按钮，如图 9-10 所示。

5 对磁盘进行清理

① 单击"确定"按钮后，系统将对磁盘进行清理，如图 9-11 所示。

图 9-12　显示出整理出来的垃圾文件

图 9-13　删除垃圾文件

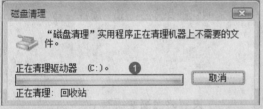

图 9-14　清理磁盘

显示出整理出来的垃圾文件

❶ 系统对磁盘进行整理后，则会在"磁盘清理"对话框中的"要删除的文件"列表框中显示出所搜索出来的垃圾文件。
❷ 勾选需删除的垃圾文件前的复选框，如图 9-12 所示。
❸ 单击"确定"按钮。

删除垃圾文件

❶ 经过操作后，系统弹出提示框单击"删除文件"按钮，如图 9-13 所示，即可删除这些垃圾文件。

清理磁盘

❶ 单击"删除文件"按钮后，系统就会将该磁盘中的垃圾文件删除，同时也会清理"回收站"中关于该磁盘的垃圾文件，如图 9-14 所示。

 动手练一练 ｜ 设置磁盘的高速缓存

高速缓存技术是一项关系着计算机性能的重要技术，Windows 的磁盘缓存默认是自动设置的，在大多数情况下都能满足需要，但是当不能满足性能需要的时候，就需要自行调节。

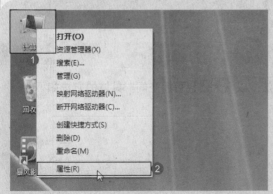

图 9-15　打开"系统"窗口

打开"系统"窗口

❶ 右击桌面上"计算机"图标。
❷ 在弹出的快捷菜单中单击"属性"命令，如图 9-15 所示。

图 9-16 打开"设备管理器"对话框

2 打开"设备管理器"对话框

1 在弹出的"系统"窗口中，单击"设备管理器"选项，如图 9-16 所示。

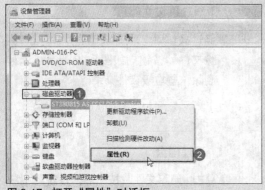

图 9-17 打开"属性"对话框

3 打开"属性"对话框

1 单击"设备管理器"选项后，系统会弹出"用户账户控制"对话框，单击"继续"按钮，在弹出的"设备管理器"对话框中单击"磁盘驱动器"展开按钮。

2 然后右击展开的磁盘驱动器，在弹出的快捷菜单中单击"属性"命令，如图 9-17 所示。

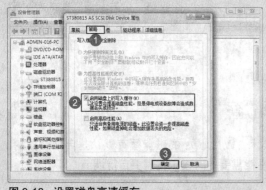

图 9-18 设置磁盘高速缓存

4 设置磁盘高速缓存

1 在弹出的"属性"对话框中，切换至"策略"选项卡下。

2 勾选"启用磁盘上的写入缓存"复选框。

3 设置完毕后，单击"确定"按钮，如图 9-18 所示。

9.1.4 增大硬盘的可用空间

如果硬盘空间不足，那么可以采取压缩磁盘的方法，以增大磁盘可用空间，具体的方法如下。

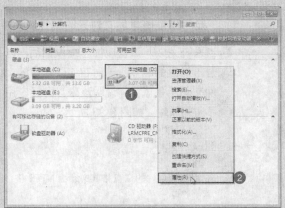

图 9-19　打开"磁盘属性"对话框

打开"磁盘属性"对话框

❶ 右击需要增大可用空间的磁盘。

❷ 在弹出的快捷菜单中单击"属性"命令，如图 9-19 所示，即可打开"磁盘属性"对话框。

图 9-20　设置磁盘压缩

设置磁盘压缩

❶ 在弹出的"磁盘属性"对话框中，切换至"常规"选项卡下。

❷ 勾选"压缩此驱动器以节约磁盘空间"复选框，如图 9-20 所示。

❸ 设置完毕后，单击"确定"按钮。

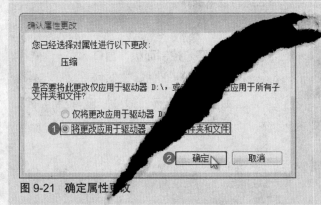

图 9-21　确定属性更改

确定属性更改

❶ 单击"确定"按钮后，系统会弹出"确认属性更改"对话框，单击"将更改应用于驱动器 D:\ 子文件夹和文件"单选按钮，如图 9-21 所示。

❷ 单击"确定"按钮。

图 9-22　应用属性

应用属性

❶ 单击"确定"按钮后，系统就会将刚才所设置的压缩磁盘属性应用到该驱动器中，并显示出进度，如图 9-22 所示。

图 9-23 显示压缩磁盘后文件夹的属性

5 显示压缩磁盘后文件夹的属性

❶ 当系统完成对磁盘属性压缩设置后，打开压缩后的磁盘，这时在该磁盘中的文件夹颜色呈蓝色，说明该磁盘已经应用了压缩属性，如图 9-23 所示。

高手点拨

应用压缩属性的磁盘格式必须为 NTFS 格式。

9.2 查看系统性能

系统监视器与性能日志和警报两部分组成了 Windows 性能工具。系统监视器用于收集与内存、磁盘、处理器、网络以及其他活动有关的实时数据，并以图表的形式显示出来。性能日志和警报用于配置日志以便记录性能数据、设置系统警报，并在计数器值出现高于或低于设置的阈值时通知用户。

9.2.1 打开系统监视器

用户查看计算机性能的时候，可以使用系统自带的性能监视器功能，下面就详细介绍性能监视器的使用方法。如果需要对系统的功能进行检查，那么进行以下操作。

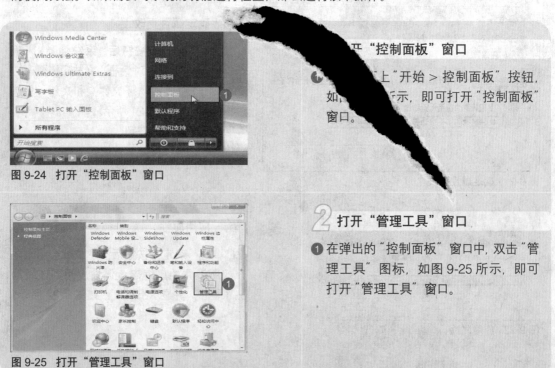

图 9-24 打开"控制面板"窗口

开"控制面板"窗口

上"开始 > 控制面板"按钮，如所示，即可打开"控制面板"窗口。

2 打开"管理工具"窗口

❶ 在弹出的"控制面板"窗口中，双击"管理工具"图标，如图 9-25 所示，即可打开"管理工具"窗口。

图 9-25 打开"管理工具"窗口

3 打开 "可靠性和性能监视器" 窗口

❶ 在打开的 "管理工具" 窗口中, 双击 "可靠性和性能监视器" 图标, 如图 9-26 所示, 即可打开 "可靠性和性能监视器" 窗口。

图 9-26　打开 "可靠性和性能监视器" 窗口

9.2.2　查看计算机性能日志

查看计算机性能日志, 以便得知系统从本地或远程计算机收集、记录的系统性能数据并设置系统警报。

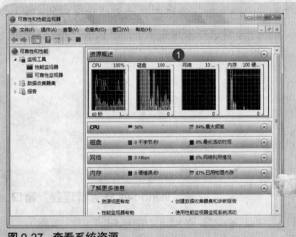

1 查看系统资源

❶ 在打开的 "可靠性和性能监视器" 窗口中, 即可查看系统资源利用的情况, 如图 9-27 所示。

图 9-27　查看系统资源

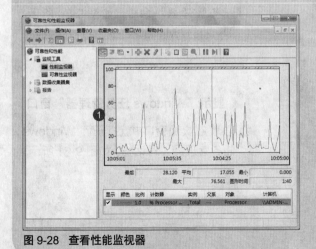

2 查看性能监视器

❶ 单击 "可靠性和性能监视器" 窗口中的 "监视工具" 节点。展开后单击 "性能监视器" 选项, 如图 9-28 所示, 即可在右侧查看计算机当前性能情况。

图 9-28　查看性能监视器

Lesson 6　Lesson 7　Lesson 8　Lesson 9　Lesson 10

图 9-29 查看可靠性和性能监视器

3 查看可靠性和性能监视器

❶ 单击"可靠性和性能监视器"窗口中的"监视工具"节点,展开后,单击"可靠性监视器"选项,如图 9-29 所示,即可在右侧查看计算机当前稳定性的情况。

9.3 Windows 任务管理器

在前面的章节中已经向用户提到了任务管理器,它能提供计算机运行的程序和进程的相关信息,并显示出最常见的性能参数值。用户可以通过查看这些信息来了解计算机的运行状况,以便于管理应用程序和进程。

9.3.1 启动任务管理器

启动任务管理器有很多种方法,具体的操作如下。

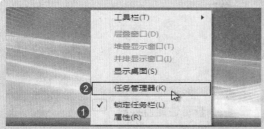

图 9-30 打开"Windows 任务管理器"窗口

1 打开"Windows 任务管理器"窗口

❶ 在任务栏上右击鼠标。

❷ 在弹出的快捷菜单中单击"Windows 任务管理器"命令,如图 9-30 所示,即可打开"Windows 任务管理器"窗口。

图 9-31 Windows 任务管理器

2 显示"Windows 任务管理器"窗口

❶ 这时,在桌面窗口中就打开了"Windows 任务管理器"对话框,如图 9-31 所示。

图 9-32　单击"启动任务管理器"选项

TIPS

高手点拨

也可以利用快捷键 Ctrl + Alt + Del，或者快捷键 Ctrl + Shift + ESC，打开如图 9-32 所示的窗口。

然后单击"启动任务管理器"选项，打开 Windows 任务管理器。

9.3.2　查看应用程序

打开"任务管理器"对话框后，切换至"应用程序"选项卡下，在该选项卡中，可以关闭正在运行的应用程序、切换到其他应用程序，以及启动新的应用程序。

图 9-33　查看应用程序

❶ 按照前面的方法打开"Windows 任务管理器"。

❷ 切换至"应用程序"选项卡下，这时就可以查看计算机中正在运行的程序，如图 9-33 所示。

9.3.3　进程的管理

在"进程"选项卡中显示了每个进程的详细情况，在默认情况下，系统只显示了四列信息：应用程序名、所属的用户、所占用的 CPU 时间和所占用的内存大小。如果想要了解进程的其他信息，可通过以下方法进行。

图 9-34　显示所有用户的进程

_1_ **显示所有用户的进程**

❶ 打开"Windows 任务管理器"窗口，然后切换至"进程"选项卡下。

❷ 单击"显示所有用户的进程"按钮，如图 9-34 所示。

图 9-35 打开"选择进程页列"对话框

打开"选择进程页列"对话框

❶ 在菜单栏上单击"查看 > 选择列"命令，如图 9-35 所示，即可打开"选择进程页列"对话框。

图 9-36 选择需要添加的选项

选择需要添加的选项

❶ 在弹出的"选择进程页列"对话框中选中要添加的列，例如勾选"CPU 时间"复选框，如图 9-36 所示。

❷ 设置完毕后，单击"确定"按钮。

图 9-37 显示添加的进程页列

显示添加的进程页列

❶ 返回到"Windows 任务管理器"对话框，切换至"进程"选项卡下，用户可以看到新添加的列已经出现在该选项卡的列表框中，如图 9-37 所示。

动手练一练 ｜ 查看计算机性能

在前面已经向用户介绍了查看计算机性能的方法，还可以通过任务管理器来查看计算机性能，具体的方法如下。

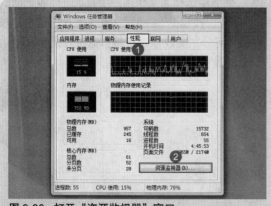

图 9-38 打开"资源监视器"窗口

打开"资源监视器"窗口

1. 按照前面介绍的方法打开"Windows 任务管理器"窗口。
2. 单击"资源监视器"按钮，如图 9-38 所示。

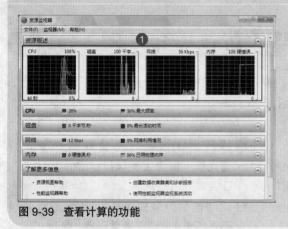

图 9-39 查看计算的功能

查看计算机的性能

1. 这时，系统就会弹出"资源监视器"窗口，用户即可在该窗口中查看关于"资源概述"、"CPU"、"磁盘"、"内存"等相关的信息，如图 9-39 所示。

9.3.4 联网性能监视

通过使用任务管理器查看联网性能监视的具体操作步骤如下。

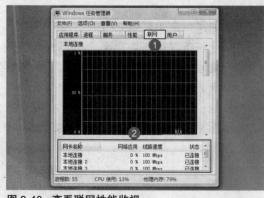

图 9-40 查看联网性能监视

1. 按照前面介绍的方法打开"Windows 任务管理器"窗口。
2. 切换至"联网"选项卡下。这时，用户即可查看该计算机联网性能的相关信息，如图 9-40 所示。

9.3.5 监视用户情况

用户情况监视也是 Windows Vista 的新功能。在该选项卡中列出了当前连接的所有用户，及其标识号和状态等。

Lesson 6

Lesson 7

Lesson 8

Lesson 9

Lesson 10

图 9-41　查看当前用户情况

❶ 在列表中选择了某个用户后，单击列表下面的"断开"按钮、"注销"按钮和"发送信息"按钮，可分别实现取消连接、退出登录和发送消息的操作，如图 9-41 所示。

PRACTICE

9.4　知识点综合运用——管理计算机中正在运行的任务

通过对本章中任务管理器的学习后，用户应该了解了对计算机中正在运行的任务进行关闭或者是切换的方法。下面就介绍管理计算机中正在运行的任务的方法。

图 9-42　单击"启动任务管理器"选项

❶ 打开"Windows 任务管理器"窗口。首先按下键盘上的快捷键 Ctrl + Alt + Delete。
❷ 这时就会打开如图 9-42 所示的窗口，然后单击"启动任务管理器"选项。

图 9-43　结束任务

❶ 如果用户需要结束当前正在运行的某个任务，首先切换至"Windows 任务管理器"窗口中的"应用程序"选项卡下。
❷ 选中需要关闭的程序。
❸ 然后单击"结束任务"按钮，如图 9-43 所示。

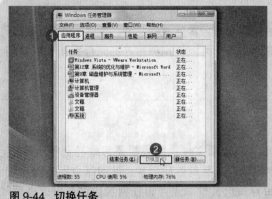

图 9-44　切换任务

切换任务

❶ 如果需要显示出当前正在运行的程序，那么首先选中目标程序。

❷ 单击"切换至"按钮，如图 9-44 所示，这样即可在程序间进行切换。

新手提问

❶ **什么是基本磁盘和动态磁盘？**

答：基本磁盘和动态磁盘是 Windows 中的两种硬盘配置类型。大多数个人计算机都配置为基本磁盘，该类型最易于管理。动态磁盘可以使用计算机内的多个硬盘复制数据，从而提高计算机的性能和可靠性。

❷ **什么是快速格式化？**

答："快速格式化"是一种格式化选项，它能够在硬盘上创建新文件表，但又不会完全覆盖或擦除磁盘。快速格式化比普通格式化快得多，后者会完全擦除硬盘上现有的所有数据。

❸ **什么是分区和卷？**

答：分区是硬盘上的一个区域，对其能够进行格式化并分配有驱动器号。在基本磁盘（个人计算机上最常见的磁盘类型）上，卷是格式化的主分区或逻辑驱动器。（术语"分区"和"卷"通常互换使用。）系统分区通常标记为字母 C。字母 A 和 B 留给可移动驱动器或软盘驱动器。某些计算机将硬盘分区为单个分区，这样整个硬盘就用字母 C 表示。其他计算机可能有一个包含恢复数据的附加分区，以免 C 分区上的信息被损坏否系统的不可用。

❹ **什么是文件备份？**

答：文件备份是存储在与源文件不同位置的文件副本。如果希望跟踪文件的更改，可以有文件的多个备份。

❺ **为什么备份文件？**

答：备份文件有助于避免文件永久性丢失，例如意外删除、遭受蠕虫或病毒攻击、软件或硬件发生故障时被更改。如果备份了文件，则可以轻易还原被损坏的文件。若要备份文件，请参阅备份文件。

6 应该备份什么文件?

答：应该备份很难或者不可能替换的任何文件，并定期备份经常更改的文件。图片、视频、音乐、项目、财务记录是应该备份的文件。程序是无须备份，因为可以使用原始产品光盘重新安装它们，而且程序通常占用很多磁盘空间。

7 应每隔多长时间备份一次文件?

答：这取决于创建的文件数量和创建频率。如果每天创建新文件，则可能要每周甚至每天备份；如果偶尔创建很多文件，例如保存了很多生日宴会或毕业典礼的数码照片，此时请立即备份它们。最好计划定期自动备份，可以选择每天、每周或每月备份文件，还可以在两次自动备份之间手动备份。

8 备份文件时可以继续在计算机上工作吗？

答：是。可以计划在晚上或不使用文件时执行自动备份。在备份文件过程中，仍可以执行操作，例如阅读电子邮件、使用 Internet 等。

Lesson >>>

文字处理软件 Word 2007 的使用

10

本课建议学习时间 >>>

本课学习时间为 50 分钟，其中建议分配 30 分钟学习文字格式和版式的设置方法，分配 20 分钟观看视频教学并进行练习。

学完本课后您将可以 >>>

- 掌握设置文字格式的基本方法
- 掌握 Word 中版式的设置 *重点*
- 掌握样式的应用
- 掌握如何进行文字查找和替换

▶ 对齐方式的设置

▶ 启动 word

▶ 选定任意文本

主要知识点视频链接 <<<

10.1 Word 的基本操作

Word 2007 是微软公司的 Microsoft Office 系列办公组件之一，是目前世界上最流行的文字编辑软件。用户可以轻松使用它编排出各种精美的文档。它不仅是一种强大的文字处理软件，而且还具有一些高级的排版和自动化功能。

Word 的基本操作主要包括 Word 的启动、打开 Word 文档等操作方法。下面我们依次学习这些操作。

10.1.1 Word 的启动

Word 2007 的启动方法有三种，分别是从"开始"菜单启动、右击启动和从桌面快捷方式启动。下面依次来学习这几种方法。

图 10-1 从"开始"菜单启动

方法一：从"开始"菜单启动

❶ 单击桌面上的"开始"按钮。

❷ 在弹出的菜单中单击"所有程序 >Microsoft Office> Microsoft Office Word 2007"命令，如图 10-1 所示。

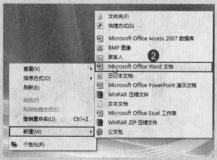

图 10-2 右击启动

方法二：右击启动

❶ 在桌面任意位置处右击。

❷ 在弹出的快捷菜单中单击"新建 > Microsoft Office Word 文档"命令，如图 10-2 所示。

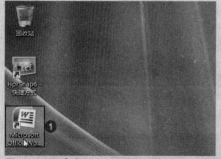

图 10-3 双击桌面 Word 程序图标

方法三：从桌面快捷方式启动

❶ 在桌面上双击 Word 快捷方式图标，如图 10-3 所示，即可打开 Word 文档。

高手点拨

如果桌面上没有 Word 快捷方式图标，则找到 Word 程序启动图标，右击，在弹出的快捷菜单中单击"发送到 > 桌面快捷方式"命令。

10.1.2 Word 的操作界面

Word 2007 比 Word 2003 的操作界面更加友好，在其功能区中集成了很多的命令按钮，是一个直接面向结果的操作界面，如图 10-4 所示。

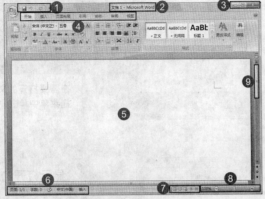

图 10-4 Word 2007 操作界面

❶ 快速访问工具栏：在该工具栏中集成了多个常用的按钮，默认状态下集成了"保存"、"撤销"、"重复"按钮。用户也可以自定义将常用按钮添加到快速访问工具栏。

❷ 标题栏：显示 Word 标题，并可以查看当前处于活动状态的文件名。

❸ 窗口控制按钮：使窗口最大化、最小化以及关闭的控制按钮。

❹ 标签：在标签对应的选项卡中集成了 Word 的功能区。

❺ 工作区：用于创建、编辑、修改和查阅文档。

❻ 状态栏：用于显示当前文件的信息。

❼ 视图按钮：单击其中某一按钮即可切换至所需的视图页面下。

❽ 显示比例：通过拖动中间的缩放滑块来选择工作区的显示比例。

❾ 滚动条：在工作表中有垂直滚动条和水平滚动条，可以通过拖动滚动条来浏览整个工作表中的内容。

10.1.3 打开 Word 文档

要使用 Word 2007 中的各种功能，除了直接启动 Word 2007 以新建文档外，还可以在已有的文档中进行编辑。

 视频演示 │ 打开 Word 文档的方法　　常用指数：★★★

图 10-5　双击 Word 文档

1 打开已有文档

❶ 找到文件的保存路径。

❷ 直接双击目标文件，即可打开文档，如图 10-5 所示。

TIPS

高手点拨

在需要打开的文档上右击鼠标，在弹出的快捷菜单中单击"打开"命令也可打开文档。

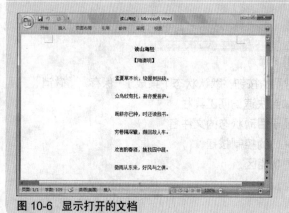

图 10-6　显示打开的文档

2 显示打开的文档

❶ 经过上面操作后，即可打开已有文档，如图 10-6 所示。

BASIC

10.2　文字格式的设置和操作

新建或打开已有的 Word 文档后，就可以在文档中输入内容，并且对输入的文字进行编辑操作。本节主要来学习编辑文字以及设置文字格式的方法。

视频演示 ┃ 设置文字格式操作　　常用指数：★★★★

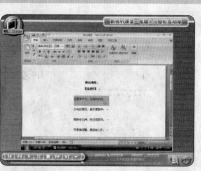

10.2.1　编辑文字

在编辑文档时，不是只输入简单的文字即可，有时还需要对文本进行一些编辑操作，比如选定、复制、剪切等操作。运用这些操作可以帮助用户调整文档的结构，以快速编辑需要的文档。

1．选定文本

在对某个对象执行某项操作前，都需要先进行选定操作。在 Word 2007 中，可以使用鼠标或键盘来选择不同位置的文本。

图 10-7　选定任意文本

1 选定任意文本

❶ 打开附书光盘 \ 实例文件 \Word\ 原始文件 \ 读山海经 .docx 文件。

❷ 在要选择的文本开始处单击。

❸ 按住鼠标左键拖动到需要选定的最后一个字符处，如图 10-7 所示。

图 10-8　选中整个文档

2 选中整个文档

❶ 单击文档中的任意位置。

❷ 按快捷键 Ctrl+A，即可选中整个文档，如图 10-8 所示。

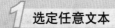

高手点拨

在文档任意处单击，然后在"开始"选项卡下单击"编辑"选项组中的"选择"按钮，在展开的列表中单击"全选"选项，即可选中整个文档。

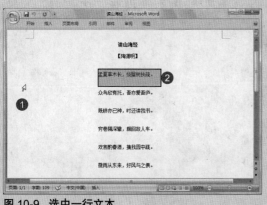

图 10-9　选中一行文本

3 选中一行文本

❶ 移动鼠标至文档窗口和文本之间的空白位置。

❷ 按下鼠标左键即可选定箭头指向的那一行，如图 10-9 所示。

图 10-10　选中多行文本

选中多行文本

❶ 在需要选定的第一个文本前单击鼠标左键，定位插入点。

❷ 按住 Shift 键在所选文本最后一个字符前单击，即可选中之间的多行文本，如图 10-10 所示。

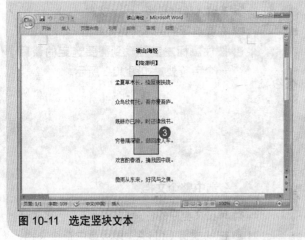

图 10-11　选定竖块文本

选定竖块文本

❶ 按住 Alt 键。

❷ 在要选择的文本块的左上角单击鼠标左键。

❸ 拖动光标至文本块的右下角即可选定竖块文本，如图 10-11 所示。

2．删除文本

方法一：使用 BackSpace 键

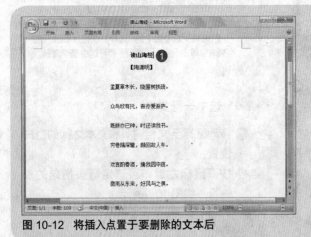

图 10-12　将插入点置于要删除的文本后

将插入点置于要删除的文本之后

❶ 在要删除的文本之后单击鼠标，定位插入点，如图 10-12 所示。

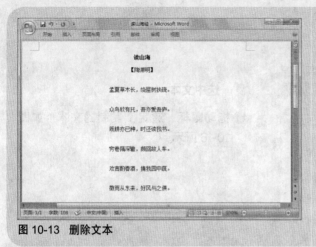

图 10-13　删除文本

2 删除文本

❶ 按 BackSpace 键，删除插入点前的文字，如图 10-13 所示。

方法二：使用 Delete 键

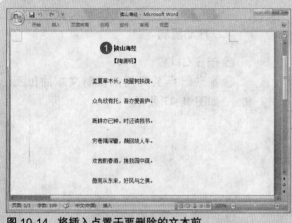

图 10-14　将插入点置于要删除的文本前

1 将插入点置于要删除的文本之前

❶ 在要删除的文本之前单击鼠标，定位插入点，如图 10-14 所示。

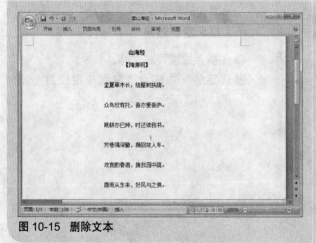

图 10-15　删除文本

2 删除文本

❶ 按 Delete 键，删除插入点后的文字，如图 10-15 所示。

Lesson 6

Lesson 7

Lesson 8

Lesson 9

Lesson 10

3．复制文本

方法一：用鼠标拖动复制文本

图 10-16　选中文本

选中文本

❶ 拖动鼠标，选定要复制的文本，如图 10-16 所示。

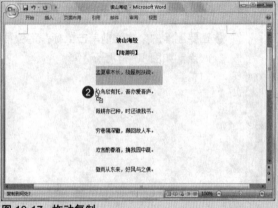

图 10-17　拖动复制

拖动复制

❶ 按住 Ctrl 键。

❷ 拖动鼠标至要插入复制文本的位置，如图 10-17 所示。

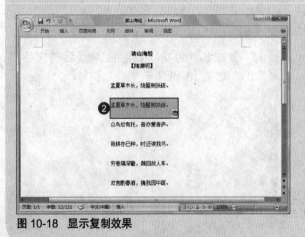

图 10-18　显示复制效果

显示复制效果

❶ 在插入位置释放鼠标。

❷ 选定的文本即可复制到指定位置，如图 10-18 所示。

方法二：使用剪贴板复制文本

图 10-19 复制文本

 **复制文本**

❶ 拖动鼠标，选定要复制的文本。

❷ 在"开始"选项卡下单击"剪贴板"组中的"复制"按钮，如图 10-19 所示。

TIPS

高手点拨

用户也可以使用快捷键 Ctrl + C 复制文本。

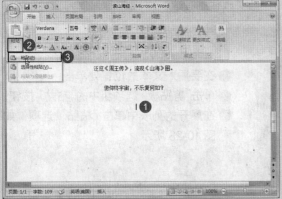

图 10-20 单击"粘贴"选项

使用"粘贴"选项粘贴文本

❶ 将光标移至要插入文本的位置处单击。

❷ 单击"剪贴板"选项组中的"粘贴"按钮。

❸ 在展开的列表中单击"粘贴"选项，如图 10-20 所示。

TIPS

高手点拨

用户可使用快捷键 Ctrl + V 粘贴文本。

图 10-21 显示文本复制后的效果

显示文本复制后的效果

❶ 经过前面的操作后，用户即可将选定的文本复制到插入点所在的位置，如图 10-21 所示。

Lesson 6　Lesson 7　Lesson 8　Lesson 9　Lesson 10

4.移动文本

方法一：用剪贴板移动文本

图 10-22 剪切文本

剪切文本

❶ 拖动鼠标，选定要移动的文本。

❷ 单击"剪贴板"选项组中的"剪切"按钮，如图 10-22 所示。

图 10-23 单击"粘贴"选项

使用"粘贴"选项粘贴文本

❶ 在要插入文本的位置处单击。

❷ 单击"剪贴板"选项组中的"粘贴"按钮。

❸ 在展开的列表中单击"粘贴"选项，如图 10-23 所示。

图 10-24 显示文本移动后的效果

显示文本移动后的效果

❶ 经过前面的操作，用户即可将文本移动到插入点所在的位置，如图 10-24 所示。

方法二：用光标拖动移动文本

图 10-25　选中文本

选中文本

❶ 拖动光标，选定需要移动位置的文本，如图 10-25 所示。

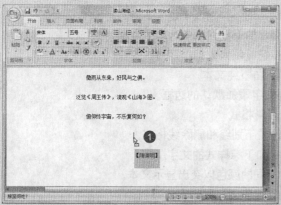

图 10-26　移动文本

移动文本

❶ 按住鼠标左键，将文本拖动到新的位置，如图 10-26 所示，然后释放鼠标。

高手点拨

拖动时，鼠标指针旁会出现一根竖直的点划线来表示新位置。

图 10-27　显示文本移动后的效果

显示文本移动后的效果

❶ 拖动到合适位置后，释放鼠标左键，即可将选定文本移动到新位置，如图 10-27 所示。

10.2.2 设置字体格式

Word 为用户提供了多种中英文字体。字体格式通常除了包括字体外，还包括字号、字形、文字颜色、文字底纹等其他与字体相关的格式设置。

1. 使用 3 种方法设置字体格式

(1) 使用"字体"选项组设置字体格式

在 Word 2007 中，设置字体的相关命令按钮放置在"开始"选项卡中的"字体"选项组中，如图 10-28 所示。

图 10-28 "字体"组

❶ "字体"下拉列表：单击右侧的下三角，在弹出的下拉列表中选择字体。

❷ "字号"下拉列表：单击右侧的下三角，在弹出的下拉列表中选择字号。

❸ "增大字号"和"缩小字号"按钮：单击该按钮，增大或缩小字号。

❹ "清除格式"按钮：清除所选文本的格式，只留下纯文本。

❺ "字符边框"按钮：单击该按钮，为选定的文字添加默认的边框。

❻ "加粗"和"倾斜"按钮：分别设置加粗和倾斜格式。

❼ "下划线"和"删除线"按钮：分别为文字设置下划线和删除线格式。

❽ "上标"和"下标"按钮：分别用于输入上标和下标样式的文字。

❾ "突出显示文本"按钮：单击该按钮，选择不同的颜色以突出显示文本。

❿ "字体颜色"按钮：单击该按钮，为选定的文本设置不同的字体颜色。

⓫ "字符底纹"按钮：单击该按钮，为选定的文本设置底纹格式。

⓬ "带圈字符"按钮：单击该按钮，为选定的字符周围放置圆圈加以强调。

(2) 使用"浮动工具栏"设置字体格式

在 Word 2007 中，还可以选定文本后，在出现的浮动工具栏中设置字体的格式，如图 10-29 所示。

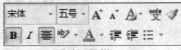

图 10-29 浮动工具栏

(3) 使用"字体"对话框设置字体格式

在"字体"选项组或浮动工具栏中只是列出了一些字体设置中经常用到的命令，还有一些字体设置选项并未显示在"字体"组或浮动工具栏中。用户只需要单击"字体"选项组中的对话框启动器，就会弹出如图 10-30 所示的"字体"对话框，在该对话框中包括了所有关于字体设置的选项。

图 10-30 "字体"对话框

2．设置字体格式应用示例

（1）设置字体

图 10-31 单击"字体"对话框启动器

1 打开"字体"对话框

❶ 选中需要设置字体的文本，这里选择标题名称。

❷ 在"开始"选项卡下单击"字体"选项组的对话框启动器，如图 10-31 所示。

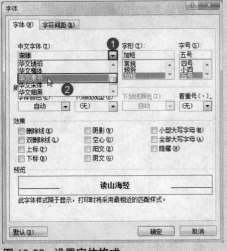

图 10-32 设置字体格式

2 在"字体"对话框中设置字体格式

❶ 在"字体"对话框中的"字体"选项卡下，单击"中文字体"文本框右侧的下拉按钮。

❷ 在展开的列表框中单击"华文隶书"选项，如图 10-32 所示。

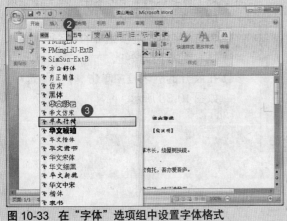

图 10-33 在"字体"选项组中设置字体格式

3 在"字体"选项组中设置字体格式

❶ 选中需要设置字体的文本。

❷ 单击"字体"选项组中的"字体"文本框右侧的下拉按钮。

❸ 在展开的列表框中单击"华文行楷"选项，如图 10-33 所示。

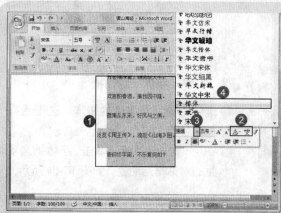

图 10-34　使用浮动工具栏设置字体格式

使用浮动工具栏设置字体格式

❶ 选中需要设置字体格式的文本，附近出现一个透明的浮动工具栏。

❷ 将鼠标指针置于浮动工具栏上，浮动工具栏清晰显示。

❸ 单击其中的"字体"文本框右侧的下拉按钮。

❹ 在展开的列表中单击"楷体"选项，如图 10-34 所示。

图 10-35　显示字体设置格式后的效果

显示字体设置格式后的效果

❶ 经过前面的操作，文档中的各部分文字已按照要求应用了相应的格式，效果如图 10-35 所示。

（2）设置字号

图 10-36　在"字体"选项组中设置字号

在"字体"选项组中设置字号

❶ 选中需要设置字号的文本，这里选中诗的标题。

❷ 单击"字体"选项组中的"字号"文本框右侧的下拉按钮。

❸ 在展开的列表框中单击"小一"选项，如图 10-36 所示。

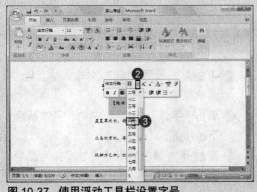

图 10-37　使用浮动工具栏设置字号

2 使用浮动工具栏设置字号

❶ 选中需要设置字号的文本，这里选中诗的作者。

❷ 在浮动工具栏中单击"字号"文本框右侧的下拉按钮。

❸ 在展开的列表框中单击"四号"选项，如图 10-37 所示。

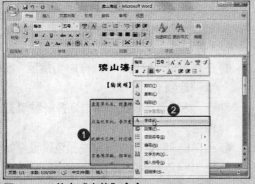

图 10-38　单击"字体"命令

3 打开"字体"对话框

❶ 选中需要设置字号的文本，这里选中诗的正文，然后右击鼠标。

❷ 在弹出的快捷菜单中单击"字体"命令，如图 10-38 所示。

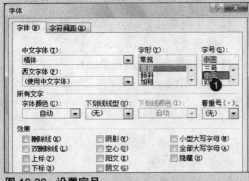

图 10-39　设置字号

4 设置字号

❶ 在弹出的"字体"对话框中的"字体"选项卡下单击"字号"列表框中的"小三"选项，如图 10-39 所示。

TIPS

高手点拨

用户也可直接在"字号"文本框中输入字号的大小。

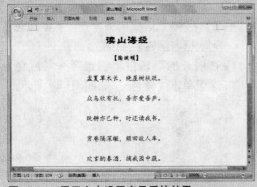

图 10-40　显示文本设置字号后的效果

5 显示文本设置字号后的效果

❶ 经过前面的操作，文本设置字号后的效果如图 10-40 所示。

(3) 设置字体颜色

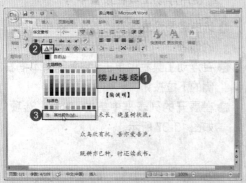

图 10-41　在"字体"选项组中设置字体颜色

1 在"字体"选项组中设置字体颜色

❶ 选中需要设置颜色的文本，这里选中诗的标题。

❷ 单击"字体"选项组中的"字体颜色"下拉按钮。

❸ 在展开的颜色列表中单击"其他颜色"选项，如图 10-41 所示。

图 10-42　选择颜色

2 选择颜色

❶ 在弹出的"颜色"对话框中切换至"标准"选项卡。

❷ 在"标准"选项卡下单击选择一种填充颜色。

❸ 再单击"确定"按钮完成颜色设置，如图 10-42 所示。

图 10-43　单击"字体"选项组的对话框启动器

3 在"字体"对话框中设置字体颜色

❶ 选中需要设置颜色的字体，这里选中诗的正文。

❷ 单击"文字"选项组中的对话框启动器，如图 10-43 所示，打开"字体"对话框。

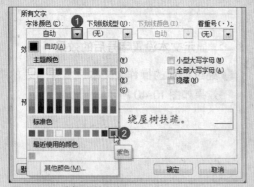

图 10-44　选择字体颜色

4 选择字体颜色

❶ 在"字体"选项卡下单击"字体颜色"列表框右侧的下拉按钮。

❷ 在展开的列表中单击选择一种颜色，这里单击"紫色"，如图 10-44 所示。

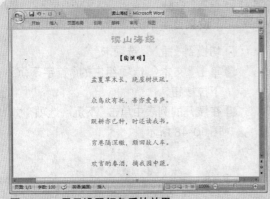

图 10-45　显示设置颜色后的效果

5 显示设置颜色后的效果

❶ 经过前面的操作，所选文本各自应用了设置的颜色，效果如图 10-45 所示。

 动手练一练 ｜ 制作养生食谱

创建表格以及设置表格中文字的格式是 Word 中经常用到的操作。用表格编辑内容可能使内容表现方式更加具体、直观，从而满足用户的视觉需要。

图 10-46　养生食谱最终效果

本实例为一个养生食谱的制作，最终效果如图 10-46 所示。通过学习插入表格以及设置表格中文字的格式，结合上面介绍的设置字符格式的方法，使用户对 Word 中文字的编排更得心应手。

图 10-47　选中文本

1 选中文本

❶ 打开附书光盘 \ 实例文件 \Word\ 原始文件 \ 养生食谱 .docx 文件。

❷ 选定需要设置为首字下沉的文本，如图 10-47 所示。

TIPS

高手点拨

也可以将插入点置于需要设置首字下沉的段落中，这样也可以设置首字下沉。

图 10-48　设置首字下沉

2 设置首字下沉

❶ 切换到"插入"选项卡。

❷ 单击"文本"选项组中的"首字下沉"下拉按钮。

❸ 在展开的列表中单击"下沉"选项，如图 10-48 所示。

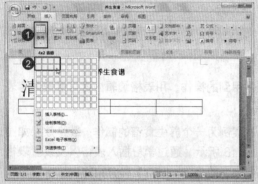

图 10-49　插入表格

3 插入表格

❶ 单击"表格"选项组中的"表格"按钮。

❷ 在展开的列表中移动鼠标指针至需要的行和列，如图 10-49 所示。

TIPS

高手点拨

也可以单击列表中的"插入表格"选项，然后在弹出的"插入表格"对话框中设置表格的行与列。

图 10-50　输入文本

4 输入文本

❶ 释放鼠标，即插入了一张表格。

❷ 在表格中输入需要的内容，如图 10-50 所示。

图 10-51　选中行

5 选中行

❶ 移动鼠标指针至文档窗口和文本之间的空白位置。

❷ 待鼠标指针变为右向箭头时，对准表格第 1 行单击，即可选定表格中第 1 行的内容，如图 10-51 所示。

图 10-52　设置文本加粗显示

6 设置文本加粗显示

❶ 在"开始"选项卡下单击"字体"选项组中的"加粗"按钮，如图 10-52 所示。

图 10-53　设置文本倾斜

7 设置文本倾斜

❶ 单击"字体"选项组中的"倾斜"按钮，如图 10-53 所示。

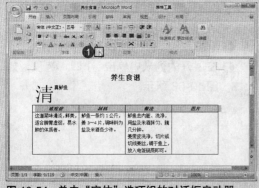

图 10-54　单击"字体"选项组的对话框启动器

8 打开"字体"对话框

❶ 单击"字体"选项组的对话框启动器，打开"字体"对话框，如图 10-54 所示。

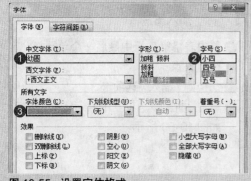

图 10-55　设置字体格式

9 设置字体格式

❶ 在"字体"选项卡下设置"中文字体"为"幼圆"。

❷ 设置字号为"小四"。

❸ 设置"字体颜色"为"绿色"，如图 10-55 所示。

Lesson 6　Lesson 7　Lesson 8　Lesson 9　Lesson 10

图 10-56 显示字体格式设置完成后的效果

10 显示字体格式设置完成后的效果

❶ 字体格式设置完成后的效果，如图 10-56 所示。

图 10-57 更改字体

11 更改字体

❶ 选中表格中第 2 行文本。

❷ 单击"字体"选项组中的"字体"下拉按钮。

❸ 在展开的列表中单击"Arial Unicode MS"选项，如图 10-57 所示。

图 10-58 更改字号

12 更改字号

❶ 单击"字号"下拉按钮。

❷ 在展开的列表中单击"小四"选项，如图 10-58 所示。

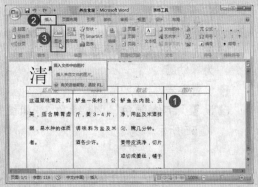

图 10-59 单击"图片"按钮

13 插入图片

❶ 单击表格第 2 行中最后一个单元格，定位插入点。

❷ 切换到"插入"选项卡。

❸ 单击"插图"选项组中的"图片"按钮，如图 10-59 所示。

图 10-60　选择图片

14 选择图片

❶ 在弹出的"插入图片"对话框中选择图片的保存路径。

❷ 单击需要插入的图片。

❸ 单击"插入"按钮，如图 10-60 所示。

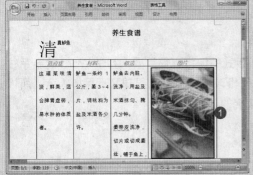

图 10-61　显示图片插入后的效果

15 显示图片插入后的效果

❶ 图片插入到单元格后的效果，如图 10-61 所示。

TIPS

高手点拨

如果希望表格的列宽固定，且图片插入后又不影响单元格的大小，可选中表格，然后右击鼠标，在弹出的快捷菜单中单击"自动调整 > 固定列宽"命令。

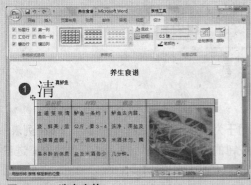

图 10-62　选中表格

16 选中表格

❶ 单击表格左上角的 ⊞ 按钮，即可选中整个表格，如图 10-62 所示。

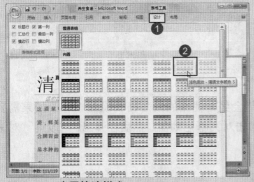

图 10-63　应用快速样式

17 应用快速样式

❶ 在"设计"选项卡下单击"表样式"选项组中的下拉按钮。

❷ 在展开的表格样式库中选择一种表格样式，如图 10-63 所示。

Lesson 6　Lesson 7　Lesson 8　Lesson 9　Lesson 10

18 显示套用快速样式后的表格效果

❶ 表格套用快速样式后的效果，如图 10-64 所示。

图 10-64 显示套用快速样式后的效果

10.3 Word 中的版式设置

在实际的文档编辑过程中，除了需要精彩内容外，版式的编排也很重要。初学 Word 的新手往往容易被排版的问题困扰，有时会花费大量的时间修改格式，但结果却又不尽如人意。所以学会 Word 中基本的排版方法，会极大提高制作文档的工作效率。

1. 在"段落"选项组中设置文档版式

在 Word 2007 中，段落设置的相关命令按钮放置在"开始"选项卡中的"段落"选项组中，如图 10-65 所示。

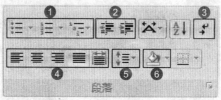

图 10-65 "段落"选项组

❶ "项目符号"、"编号"和"多级列表"按钮：分别用于为段落设置项目符号、编号和多级列表。

❷ "增加缩进量"和"减少缩进量"按钮：这两个按钮的作用分别是增加缩进量和减少缩进量。

❸ "显示/隐藏编辑标记"按钮：单击可以在显示和隐藏编辑标记间切换。

❹ 文本对齐功能区：共显示了 5 个按钮，分别表示"文本左对齐"、"居中对齐"、"文本右对齐"、"两端对齐"和"分散对齐"。

❺ "行距"按钮：用于设置行距。

❻ "底纹"按钮：用于设置所选段落的底纹格式。

2. 使用"段落"对话框设置文档版式

"段落"选项组中只是结合当前文档列举出一些可能会经常使用的段落格式设置按钮，如果需要进行设置的段落格式相关命令不包含在该组中，应单击对话框启动器，然后在弹出的"段落"对话框中查找所有的段落设置选项，如图 10-66 所示。

图 10-66 "段落"对话框

视频演示 │ Word 中文版式设置   常用指数：★★★

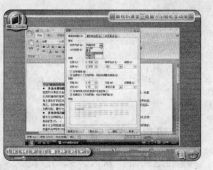 

10.3.1 对齐方式的设置

为了美化文档，可以对文档中的各个段落设置不同的对齐方式。Word 提供了 5 种对齐方式，分别是两端对齐、居中、右对齐、分散对齐和左对齐。

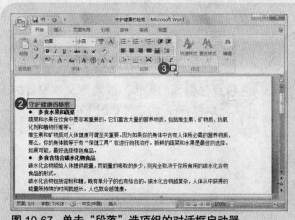

图 10-67 单击"段落"选项组的对话框启动器

使用"段落"对话框设置对齐方式

❶ 打开附书光盘 \ 实例文件 \Word\ 原始文件 \ 守护健康的秘密 .docx 文件。

❷ 选定要设置对齐方式的文本。

❸ 单击"段落"选项组的对话框启动器，如图 10-67 所示。

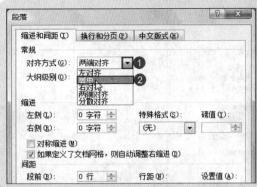

图 10-68　设置文本居中对齐

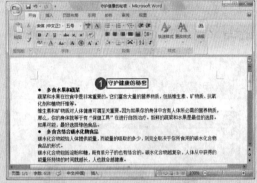

图 10-69　显示文本设置居中对齐后的效果

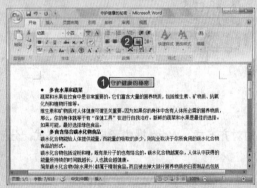

图 10-70　设置文本分散对齐

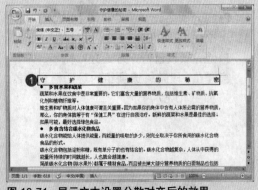

图 10-71　显示文本设置分散对齐后的效果

2 设置文本居中对齐

❶ 在弹出的"段落"对话框中的"缩进和间距"选项卡下单击"对齐方式"下拉按钮。

❷ 在展开的列表中单击"居中"选项，如图 10-68 所示。

3 显示文本设置居中对齐后的效果

❶ 经过前面的操作，所选的文本即被设置为居中对齐，效果如图 10-69 所示。

4 设置文本分散对齐

❶ 选定需要设置为分散对齐的文本。

❷ 单击"段落"选项组中的"分散对齐"按钮，如图 10-70 所示。

5 显示文本设置为分散对齐后的效果

❶ 经过前面的操作，被选定文本设置为分散对齐后的效果如图 10-71 所示。

10.3.2　段落缩进的方式

在排版时,使用最多的是在每段的首行空出两个字符的位置,这就是段落缩进。通过设置段落缩进,可以增强文档的层次感。

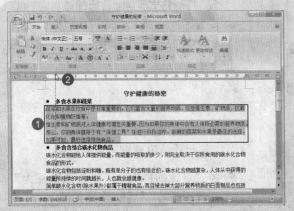

图 10-72　使用标尺设置段落缩进

1　使用标尺设置段落缩进

❶ 选定要设置缩进的段落。

❷ 将鼠标指针置于标尺的位置, 待标尺出现后,拖动左缩进滑块到"2"的位置,此时可以看到一条虚线显示了缩进后的位置, 如图 10-72 所示。

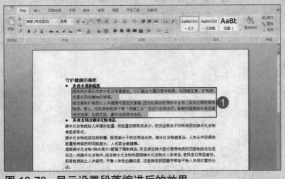

图 10-73　显示设置段落缩进后的效果

2　显示设置段落缩进后的效果

❶ 经过第 1 步操作, 可以看到, 所选段落向左缩进了 2 个字符,如图 10-73 所示。

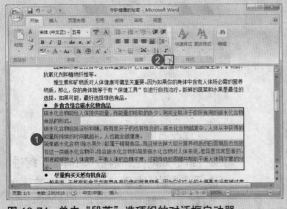

图 10-74　单击"段落"选项组的对话框启动器

3　使用"段落"对话框设置缩进

❶ 选定要设置缩进的段落。

❷ 单击"段落" 选项组的对话框启动器,如图 10-74 所示。

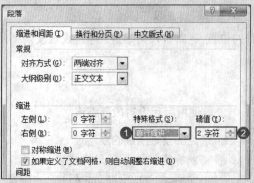

图 10-75　设置段落首行缩进 2 字符

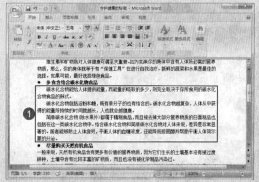

图 10-76　显示段落设置缩进后的效果

图 10-77　单击"段落"命令

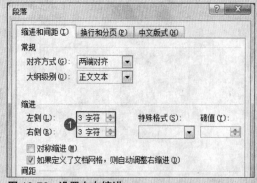

图 10-78　设置左右缩进

4 设置段落首行缩进 2 字符

1 在弹出的"段落"对话框中的"缩进和间距"选项卡下的"缩进"选项组中设置"特殊格式"为"首行缩进"。

2 设置缩进的"磅值"为"2 字符",如图 10-75 所示。

5 显示段落设置缩进后的效果

1 经过前面的操作,所选段落设置为首行缩进 2 字符后的效果如图 10-76 所示。

2 为文档中剩下的段落也设置相应的缩进形式。

6 打开"段落"对话框

1 选中除标题外的所有文本。

2 右击鼠标,在弹出的快捷菜单中单击"段落"命令,如图 10-77 所示。

7 设置左右缩进

1 在"缩进和间距"选项卡下单击"缩进"选项组中的"左侧"和"右侧"数字调节按钮,设置左侧缩进和右侧缩进均为"3 字符",如图 10-78 所示。

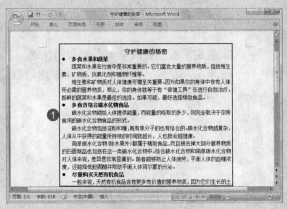

图 10-79　显示设置缩进后的效果

8 显示缩进设置完成后的效果

❶ 设置文档左侧和右侧缩进 3 字符的效果如图 10-79 所示。

10.3.3　设置行间距和段间距

调整段落间距以及行间距，既可以方便阅读，同时也可以起到美化文档的作用。

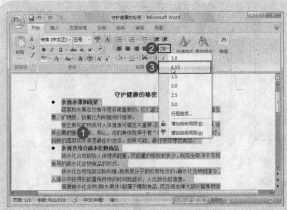

图 10-80　设置行距

1 设置行距

❶ 选中除标题外的所有文本。

❷ 单击"段落"选项组中的"行距"按钮。

❸ 在展开的列表中单击"1.15"选项，设置段落为 1.15 倍行距，如图 10-80 所示。

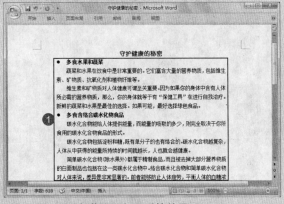

图 10-81　显示段落设置行距后的效果

2 显示段落设置行距后的效果

❶ 经过前面的操作，段落设置为 1.15 倍行距后的效果如图 10-81 所示。

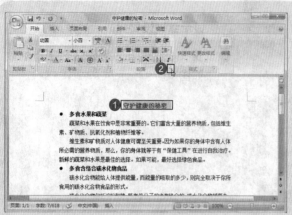

图 10-82 单击"段落"选项组的对话框启动器

3 打开"段落"对话框

① 选定需要设置段落间距的文档标题。
② 单击"段落"选项组的对话框启动器，如图 10-82 所示。

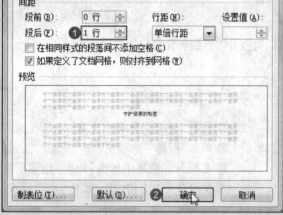

图 10-83 设置段落间距

4 设置段落间距

① 在"缩进和间距"选项卡下单击"间距"选项组中的"段后"数字调节按钮，设置段落间距为"1 行"。
② 设置完毕后，单击"确定"按钮，如图 10-83 所示。

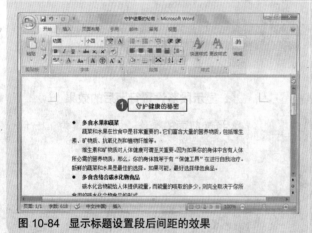

图 10-84 显示标题设置段后间距的效果

5 显示标题设置了段后间距的效果

① 经过前面的操作，可以看到，标题和正文之间已经应用了设置的段后间距，效果如图 10-84 所示。

10.3.4 边框和底纹

边框和底纹是美化文档的一种重要方法。为了使文档看起来更漂亮，可以在文档中为文本、段落设置边框，并且可以为它们填充各种颜色。

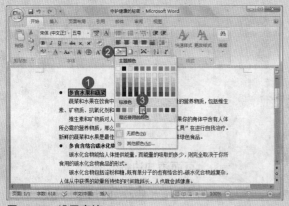

图 10-85 设置底纹

1 设置底纹

❶ 选中需要设置底纹的文本。

❷ 单击"段落"选项组中的"底纹"按钮。

❸ 在展开的列表中单击选择一种底纹颜色，这里单击"浅绿"选项，如图 10-85 所示。

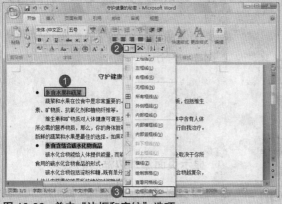

图 10-86 单击"边框和底纹"选项

2 打开"边框和底纹"对话框

❶ 选中需要添加边框的文本。

❷ 单击"段落"选项组中的"边框"按钮。

❸ 在展开的列表中单击"边框和底纹"选项，如图 10-86 所示。

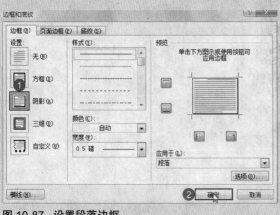

图 10-87 设置段落边框

3 设置段落边框

❶ 在弹出的"边框和底纹"对话框中的"边框"选项卡下单击"设置"选项组中的"阴影"选项。

❷ 设置完毕后，单击"确定"按钮，如图 10-87 所示。

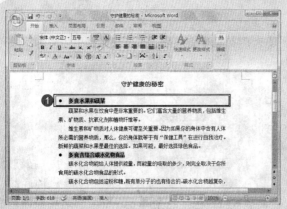

图 10-88　显示段落设置边框后的效果

4 显示段落设置边框后的效果

❶ 经过前面的操作，所选段落设置边框后的效果如图 10-88 所示。

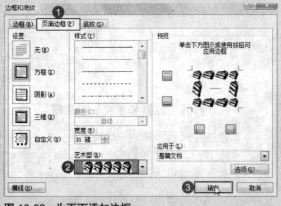

图 10-89　为页面添加边框

5 为页面添加边框

❶ 打开"边框和底纹"对话框，切换到"页面边框"选项卡。

❷ 在"艺术型"列表中选择一种边框类型。

❸ 添加完成后，单击"确定"按钮，如图 10-89 所示。

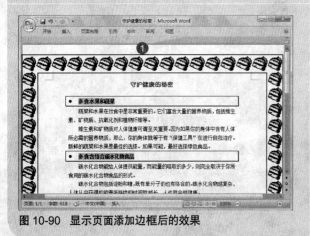

图 10-90　显示页面添加边框后的效果

6 显示页面添加边框后的效果

❶ 经过前面的操作，文档页面即添加了边框，效果如图 10-90 所示。

10.4　样式的应用

　　样式规定了文档中标题、题注、正文等各元素的表现形式。利用样式，可以使文档中需要使用相同格式的文本或段落快速统一格式，从而极大提高工作效率。用户可以使用 Word 2007 中快速样式库和快速样式集中的样式快速统一文档格式。

在 Word 2007 中，样式设置的相关命令按钮放置在"开始"选项卡中的"样式"选项组中，如图 10-91 所示。

图 10-91 "样式"选项组

❶ 快速样式库：单击可为相应内容快速套用样式。

❷ "更改样式"按钮：单击可套用快速样式集中的样式，以及为文档应用相应的主题。

视频演示 ┃ 样式的应用　　常用指数：★★★

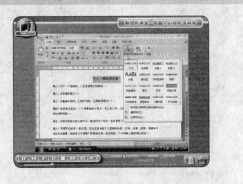

10.4.1　套用 Word 样式集中的样式

Word 快速样式集能快速地为整个文档套用相应的样式。

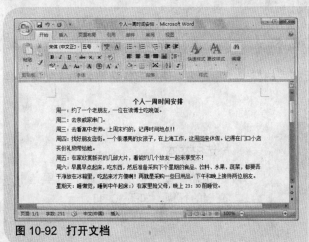

图 10-92　打开文档

1 打开文档

❶ 打开附书光盘 \ 实例文件 \Word\ 原始文件 \ 个人一周时间安排 .docx 文件，如图 10-92 所示。

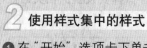

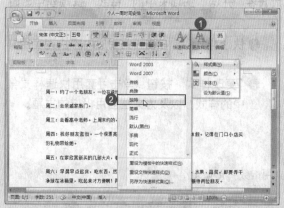

图 10-93　使用样式集中的样式

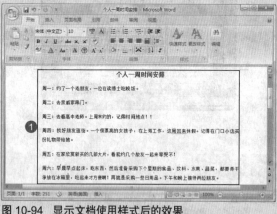

图 10-94　显示文档使用样式后的效果

2 使用样式集中的样式

① 在"开始"选项卡下单击"样式"选项组中的"更改样式"下拉按钮。

② 在展开的列表中单击"样式集 > 独特"选项，如图 10-93 所示。

3 显示文档使用样式后的效果

① 经过前面的操作，文档应用了样式集中的样式后的效果，如图 10-94 所示。

10.4.2　快速套用 Word 样式库中的样式

Word 快速样式库中的样式包含有标题、正文等的样式。用户可以使用它快速地为相应地内容套用样式。

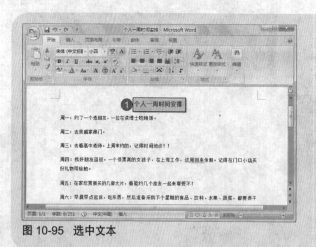

图 10-95　选中文本

1 选中文本

① 选定需要使用样式的文本，这里选中文档的标题，如图 10-95 所示。

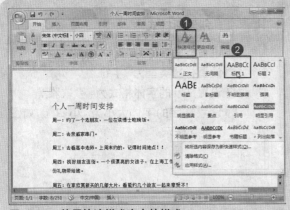

图 10-96　使用快速样式库中的样式

使用快速样式库中的样式

1 单击"样式"选项组中的"快速样式"下拉按钮。

2 在展开的快速样式库中选择"标题 1"样式，如图 10-96 所示。

TIPS

高手点拨

文档缩小显示时，才会出现"快速样式"按钮。

10.4.3　新建样式

除了可以使用快速样式库以及快速样式集中的样式外，用户还可以自定义设置文本或段落的样式。

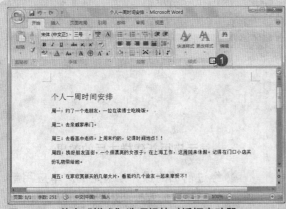

图 10-97　单击"样式"选项组的对话框启动器

打开"样式"任务窗格

1 单击"样式"选项组的对话框启动器，即可打开"样式"任务窗格，如图 10-97 所示。

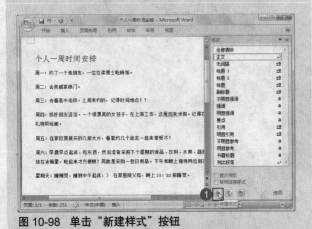

图 10-98　单击"新建样式"按钮

单击"新建样式"按钮

1 单击"样式"任务窗格中的"新建样式"按钮，打开"根据格式设置创建新样式"对话框，如图 10-98 所示。

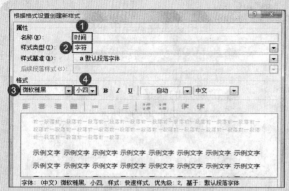

图 10-99 创建新样式

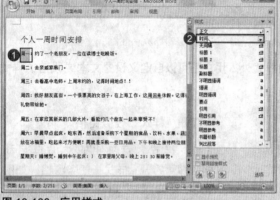

图 10-100 应用样式

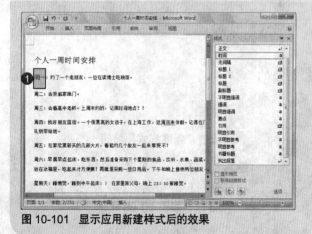

图 10-101 显示应用新建样式后的效果

3 创建新样式

❶ 设置样式名称为"时间"。

❷ 设置样式类型为"字符"。

❸ 设置文字的字体格式为"微软雅黑"。

❹ 设置文字的字体大小为"小四"，如图 10-99 所示。

4 应用样式

❶ 选中需要应用新建样式的文本。

❷ 在"样式"任务窗格中单击需要应用的样式，例如单击"时间"样式，如图 10-100 所示。

5 显示应用新建样式后的效果

❶ 经过前面的操作，选定的文本应用新建样式后的效果，如图 10-101 所示。

❷ 继续为其他需要应用新建样式的文本应用样式。

10.4.4 修改样式

如果用户对系统内置的样式或自己新建的样式不满意，还可以对其进行修改。

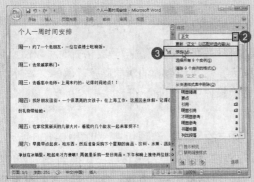

图 10-102　单击"修改"选项

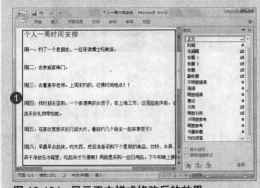

图 10-103　修改样式

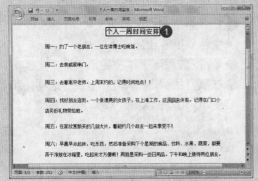

图 10-104　显示正文样式修改后的效果

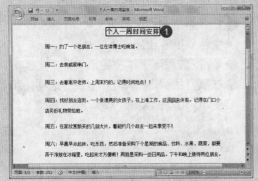

图 10-105　显示文档制作完成后的最终效果

打开"修改样式"对话框

❶ 在"样式"任务窗格中选中"正文"样式。

❷ 单击"正文"样式右侧的下拉按钮。

❸ 在展开的列表中单击"修改"选项，如图 10-102 所示。

修改样式

❶ 打开"修改样式"对话框，设置正文文本的字体为"宋体（中文正文）"。

❷ 设置正文文本的字号为"五号"，如图 10-103 所示。

显示正文样式修改后的效果

❶ 修改样式后，正文文本套用了新修改的样式格式，如图 10-104 所示。

"个人一周时间安排"的最终效果

❶ 运用前面介绍的方法，将文档标题的格式也更改为"幼圆"，"四号"。

❷ 文档制作完成后的最终效果如图 10-105 所示。

Lesson 6
Lesson 7
Lesson 8
Lesson 9
Lesson 10

BASIC

10.5 文本的查找与替换

在 Word 中处理篇幅较长的文档时，需要批量替换文档中的某些字符、符号或格式时可以使用查找和替换功能。Word 中的查找和替换功能非常强大，查找和替换的对象除了普通的文本外，还可以是特殊字符、格式等，而且还可以在查找和替换操作中使用通配符。

在 Word 2007 中，查找和替换命令按钮置于"开始"选项卡的"编辑"选项组中，如图 10-106 所示。

图 10-106 "编辑"选项组

❶ "查找"按钮：单击该按钮，切换到"查找和替换"对话框中的"查找"选项卡，在此设置查找值。

❷ "替换"按钮：单击该按钮，切换到"查找和替换"对话框中的"替换"选项卡，在此设置替换值。

视频演示 | 文本的查找和替换   常用指数：★★

10.5.1 查找指定文本

如果希望快速查找出文档中重复出现的某些文本或字符时，可以使用"查找"功能，尤其是处理长文档时，使用"查找"功能可以大大提高工作效率。

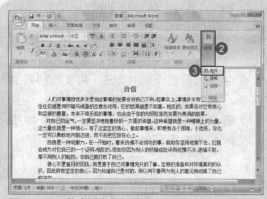

图 10-107 单击"查找"选项

打开"查找和替换"对话框

❶ 打开附书光盘 \ 实例文件 \Word\ 原始文件 \ 自信 .docx 文件。

❷ 单击"编辑"下拉按钮。

❸ 在展开的列表中单击"查找"选项，如图 10-107 所示。

高手点拨

文档缩小后，"编辑"选项组以"编辑"按钮的形式显示。

图 10-108　查找内容

2 查找内容

❶ 在"查找"选项卡下的"查找内容"文本框中输入需要查找的内容，这里输入"信心"。

❷ 单击"查找下一处"按钮，如图 10-108所示。

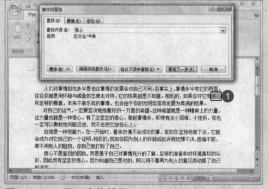

图 10-109　显示查找结果

3 显示查找结果

❶ 单击"查找下一处"按钮后，可以看到，在文档中找到的内容突出显示，如图 10-109 所示。

TIPS

高手点拨

如果需要继续查找该内容，则再次单击"查找下一处"按钮。

动手练一练 ┃ 快速查找所有指定内容

使用查找功能不仅可以方便用户快速查找内容，帮助用户一一查找所需要的信息，还可以一次性显示所有需要查找的内容。

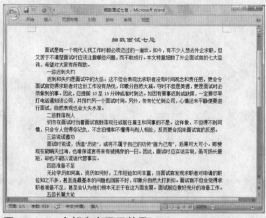

图 10-110　全部突出显示效果

本节是查找一篇文档中重复的词组，并将它们一次性显示出来，效果如图 10-110 所示。

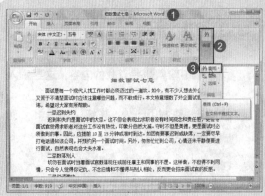

图 10-111　单击"查找"选项

1 打开"查找和替换"对话框

❶ 打开附书光盘 \ 实例文件 \Word\ 原始
文件 \ 细数面试七忌 .docx 文件。
❷ 在"开始"选项卡下单击"编辑"下拉
按钮。
❸ 在展开的列表中单击"查找"选项，如
图 10-111 所示。

图 10-112　使用阅读突出显示

2 使用"阅读突出显示"功能

❶ 在"查找"选项卡下的"查找内容"文
本框中输入需要查找的内容，这里输入
"忌"。
❷ 单击"阅读突出显示"下拉按钮。
❸ 在展开的列表中单击"全部突出显示"
选项，如图 10-112 所示。

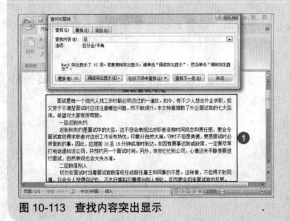

图 10-113　查找内容突出显示

3 查找内容突出显示

❶ 单击"全部突出显示"选项后，所查找
的内容被全部突出显示，如图 10-113
所示。

10.5.2　替换指定文本

如果希望快速将文档中的某些重复出现的字符替换为其他内容，可以使用"替换"功能。通过对
关键字词的查找和替换，实现一次性替换。

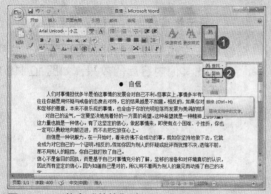

图 10-114　单击"替换"选项

打开"查找和替换"对话框

❶ 单击"编辑"下拉按钮。

❷ 在展开的列表中单击"替换"选项，如图 10-114 所示。

图 10-115　查找文本

查找文本

❶ 在"替换"选项卡下的"替换为"文本框中输入替换为的文本。

❷ 单击"查找下一处"按钮，如图 10-115 所示。

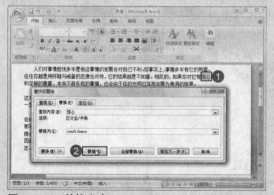

图 10-116　替换文本

替换文本

❶ 单击"查找下一处"按钮后，系统自动在文档中查找到该内容。

❷ 单击"替换"按钮，将"信心"替换为"confidence"，如图 10-116 所示。

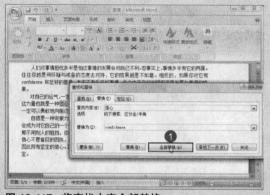

图 10-117　将查找内容全部替换

将查找内容全部替换

❶ 如果需要一次性替换文档中所有相同的字符，则在查找到该字符后，单击对话框中的"全部替换"按钮，如图 10-117 所示。

Lesson 6
Lesson 7
Lesson 8
Lesson 9
Lesson 10

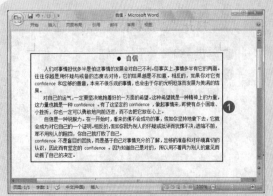

图 10-118　显示将查找内容全部替换后的效果

5 显示将查找内容全部替换后的效果

❶ 将在文档中查找的内容全部替换为指定的其他内容后的效果，如图 10-118 所示。

PRACTICE

10.6　知识点综合运用——制作个性化书签

为插入的图片设置环绕效果，以使图片和文字结合得更加密切，这是在 Word 中编排文字和图片时经常使用的方法，也是 Word 强大功能之一。

本节知识点综合应用为一个书签的制作，最终效果如图 10-119 所示。通过学习插入图片、形状以及设置图片的环绕效果等方法，使用户对排版的操作更为熟练。

图 10-119　显示书签制作完成后的最终效果

图 10-120　插入形状

插入形状

❶ 打开附书光盘 \ 实例文件 \Word\ 我的书签 .docx 文件。

❷ 切换到"插入"选项卡。

❸ 单击"形状"下拉按钮。

❹ 在展开的列表中单击"矩形"图标，如图 10-120 所示。

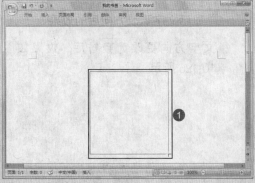

图 10-121　绘制形状

绘制形状

❶ 拖动鼠标指针在文档的空白处绘制形状，如图 10-121 所示。

图 10-122　单击"编辑文字"命令

单击"编辑文字"命令

❶ 选中矩形形状并右击鼠标。

❷ 在弹出的快捷菜单中单击"编辑文字"命令，如图 10-122 所示。

图 10-123　输入文字

输入文字

❶ 在矩形文本框中输入文字，如图 10-123 所示。

Lesson 6　Lesson 7　Lesson 8　Lesson 9　Lesson 10

图 10-124　将文字竖排

5 将文字竖排

❶ 切换到"页面布局"选项卡。

❷ 单击"页面设置"选项组中的"文字方向"下拉按钮。

❸ 在展开的列表中单击"垂直"选项，如图 10-124 所示。

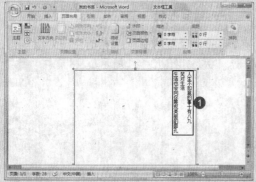

图 10-125　显示文字更改方向后的效果

6 显示文字更改方向后的效果

❶ 文字方向更改为竖排后，效果如图 10-125 所示。

图 10-126　设置文字格式

7 设置文字格式

❶ 拖动鼠标指针选中文字，选中多排文字时，可按住 Ctrl 键，然后依次选中。

❷ 在"字体"选项组中设置文本的字体为"华文行楷"，字号为"四号"。

❸ 设置文字的颜色为"红色"，如图 10-126 所示。

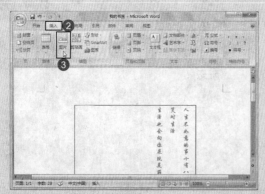

图 10-127　单击"图片"按钮

8 打开"插入图片"对话框

❶ 将鼠标指针置于矩形框外。

❷ 切换到"插入"选项卡。

❸ 单击"插图"选项组中的"图片"按钮，如图 10-127 所示。

图 10-128　选择图片

9 选择图片

① 在弹出的"插入图片"对话框中选择图片文件的保存路径。

② 单击选择需要插入的图片。

③ 单击"插入"按钮，如图 10-128 所示。

图 10-129　调整图片大小

10 调整图片的大小

① 图片被插入到文档中后，选中图片。

② 将鼠标置于图片的右下角，待指针变为双向箭头时，按住左键拖动调整图片大小，如图 10-129 所示。

图 10-130　将图片浮于文字上方

11 将图片浮于文字上方

① 选中图片。

② 在"图片工具""格式"选项卡下单击"排列"选项组中的"文字环绕"按钮。

③ 在展开的列表中单击"浮于文字上方"选项，如图 10-130 所示。

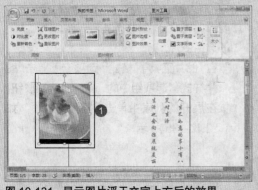

图 10-131　显示图片浮于文字上方后的效果

12 将图片浮于文字上方后的效果

① 将图片浮于文字上方后的效果如图 10-131 所示，此时图片可随意拖动。

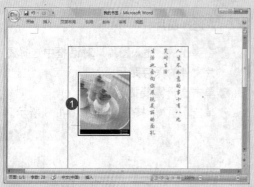

图 10-132　调整图片位置

13 调整图片位置

❶ 将图片移动到如图 10-132 所示的位置。

图 10-133　绘制形状

14 绘制形状

❶ 用前面介绍的插入形状的方法继续在文档中绘制形状，分别绘制圆角矩形和直线，绘制完成后的效果如图 10-133 所示。

图 10-134　插入图片

15 插入图片

❶ 用前面介绍的插入图片的方法再插入一张图片。
❷ 设置图片效果为浮于文字上方。
❸ 设置完成后，将它拖动到如图 10-134 所示的位置。

图 10-135　更改图片形状

16 更改图片形状

❶ 选中图片。
❷ 在"图片工具""格式"选项卡下单击"图片样式"选项组中的"图片形状"按钮。
❸ 在展开的列表中单击"椭圆"选项，如图 10-135 所示。

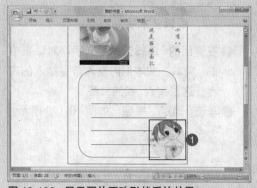

图 10-136　显示图片更改形状后的效果

17 显示图片更改形状后的效果

① 图片更改形状后，效果如图 10-136 所示。

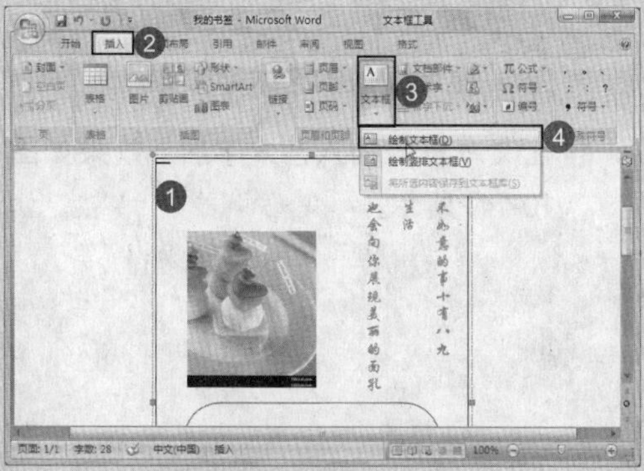

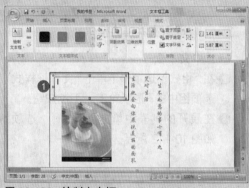

图 10-137　单击"绘制文本框"选项

18 插入文本框

① 将插入点移动到矩形文本框的左上角。
② 切换到"插入"选项卡。
③ 单击"文本"选项组中的"文本框"下拉按钮。
④ 在展开的列表中单击"绘制文本框"选项，如图 10-137 所示。

图 10-138　绘制文本框

19 绘制文本框

① 在矩形文本框的左上角拖动鼠标指针绘制出文本框。
② 绘制完成后，释放鼠标，文本框绘制完成后的效果如图 10-138 所示。

图 10-139　插入艺术字

20 插入艺术字

① 切换到"插入"选项卡。
② 单击"文本"选项组中的"艺术字"下拉按钮。
③ 在展开的艺术字样式库中选择一种艺术字样式，如图 10-139 所示。

图 10-140　编辑艺术字

21 编辑艺术字

❶ 在弹出的"编辑艺术字文字"对话框中的"文本"文本框内输入需要插入的内容，这里输入"我的书签"。

❷ 单击"确定"按钮，如图 10-140 所示。

Tips

高手点拨

在"编辑艺术字文字"对话框中还可以设置艺术字的字体和字号等艺术字格式内容。

图 10-141　显示插入艺术字后的效果

22 显示插入的艺术字效果

❶ 在文本框内插入艺术字后，效果如图 10-141 所示。

图 10-142　单击"无轮廓"选项

23 取消文本框边框

❶ 选中文本框。

❷ 在"格式"选项卡下单击"文本框样式"选项组中的"形状轮廓"下拉按钮。

❸ 在展开的列表中单击"无轮廓"选项，如图 10-142 所示。

图 10-143　显示取消文本框边框后的效果

24 显示取消文本框边框后的效果

❶ 设置文本框边框无轮廓后的效果，如图 10-143 所示。

图 10-144　设置形状填充颜色

25 设置形状填充颜色

❶ 选中矩形形状。

❷ 在"文本框工具""格式"选项卡下单击"文本框样式"选项组中的"形状填充"下拉按钮。

❸ 在展开的列表中单击选择一种填充颜色，如图 10-144 所示。

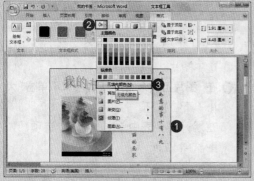

图 10-145　设置文本框无填充颜色

26 设置文本框无填充色

❶ 选中需要取消填充颜色的文本框。

❷ 在"文本框工具""格式"选项卡下单击"文本框样式"选项组中的"形状填充"下拉按钮。

❸ 在展开的列表中单击"无填充颜色"选项，如图 10-145 所示。

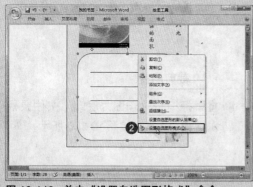

图 10-146　单击"设置自选图形格式"命令

27 打开"设置自选图形格式"对话框

❶ 选中圆角矩形形状并右击鼠标。

❷ 在弹出的快捷菜单中单击"设置自选图形格式"命令，如图 10-146 所示。即可打开"设置自选图形格式"对话框。

图 10-147　设置边框颜色

28 设置边框颜色

❶ 在弹出的"设置自选图形格式"对话框中的"颜色与线条"选项卡下设置线条"颜色"为"紫色"。

❷ 设置线条"粗细"为"1磅"。

❸ 设置完毕后，单击"确定"按钮，如图 10-147 所示。

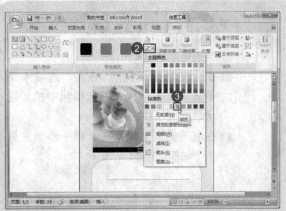

图 10-148　设置线条颜色

29 设置线条颜色

1. 单击选中直线。
2. 再在"绘图工具""格式"选项卡下单击"形状样式"选项组中的"形状轮廓"下拉按钮。
3. 在展开的列表中单击选择一种线条颜色，这里单击"绿色"选项，如图10-148所示。
4. 将其余直线也设置为绿色。

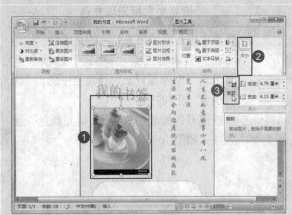

图 10-149　单击"裁剪"选项

30 单击"裁剪"选项

1. 选中图片。
2. 在"图片工具""格式"选项卡下单击"大小"下拉按钮。
3. 在展开的列表中单击"裁剪"选项，如图10-149所示。

TIPS

高手点拨

如果将文档放大到全屏，则"大小"按钮即变为"大小"选项组。

图 10-150　裁剪图片

31 裁剪图片

1. 将鼠标指针置于图片底端，按住鼠标左键裁剪图片，如图10-150所示。

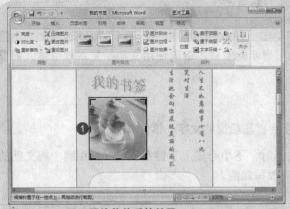

图 10-151 显示图片裁剪后的效果

32 显示图片裁剪后的效果

❶ 图片经过裁剪后，效果如图 10-151 所示。

TIPS

高手点拨

在图片外的任意位置处单击，即可完成裁剪。

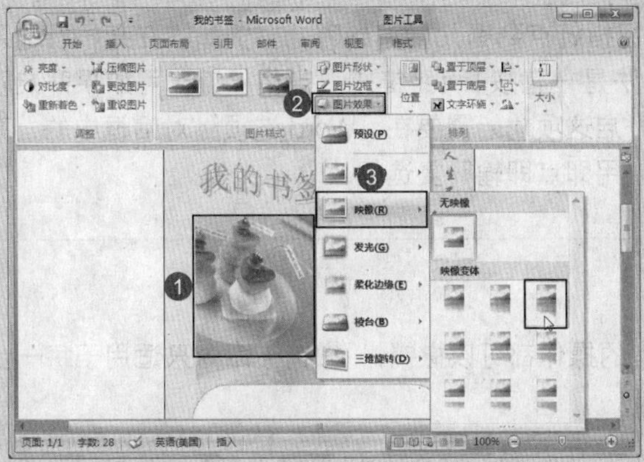

图 10-152 设置图片效果

33 设置图片效果

❶ 选中图片。

❷ 在"图片工具""格式"选项卡下单击"图片样式"选项组中的"图片效果"按钮。

❸ 在展开的列表中单击"映像 > 全映像，接触"选项，如图 10-152 所示。

图 10-153 完成书签制作

34 完成书签制作

❶ 将书签的边框设置为橙色，再在其中插入文本框和输入文字。

❷ 书签制作完成后的最终效果，如图 10-153 所示。

新手提问

❶ **如何快速打开多个文档?**

答：单击"Office 按钮"，在弹出的菜单中单击"打开"命令，在"打开"对话框中选择需要打开的文件的保存路径，然后按住 Ctrl 键不放，再选择需要打开的多个文档，单击"打开"按钮。

❷ 如何更改最近打开文档的个数？

答：单击"Office 按钮"，然后在弹出的菜单中单击"Word 选项"按钮，在"Word 选项"对话框中单击"高级"选项，在"显示"选项卡下的"显示此数目的最近使用文档"文本框中输入需要显示的最近打开文档个数。

❸ 为什么在文档中插入一些文字后，这些文字会覆盖后面的文字，该怎样处理？

答：出现这种情况的原因是用户可能在录入文档时，不小心按下了键盘上的 Insert 键，将文档的改写功能激活。只需再次按下 Insert 键即可取消改写功能。

❹ 什么是"即点即输"功能，该功能不能使用，该如何处理？

答：所谓"即点即输"功能，就是可以实现鼠标指针点到哪儿就输到哪儿。例如：在某一行输入了一些文本后，但是中间不想输入，一般的做法是一直按 Enter 键或"空格"键，可如果开启了这个功能，就会在输入文档的时候方便许多。开启这项功能需要在"Word 选项"对话框中的"高级"选项卡下勾选"编辑选项"选项组中的"启用即点即输"复选框。

❺ 为什么使用撤销命令时没反应？

答：这种现象是正常的，在 Word 中并不是所有的操作都可以撤销，"撤销"命令只适用于每一步可撤销的操作。

❻ 如何一次性消除硬回车？

答：在"开始"选项卡下单击"编辑"选项组中的"替换"按钮，将插入点定位于"查找内容"文本框中，在"替换"选项卡中单击"更多"展开按钮，再单击"特殊格式"按钮，在弹出的菜单中单击"段落标记"命令，在"替换为"文本框中什么也不输入，然后单击"全部替换"按钮。

❼ 如何输入两位数的带圈字符？

答：用户可以采用插入编号的方式插入一些带圈字符，不过这种方式仅适用于 10 以下的数字，要为 10 以上的两位数也设置带圈字符，可以在"开始"选项卡下单击"字体"选项组中的"带圈字符"按钮，在弹出的对话框中的"文字"文本框中输入两位数，然后选择圆圈的样式，设置完成后，单击"确定"按钮。

❽ 用户能否向快速样式库中添加和删除样式？应该怎样操作？

答：用户既可以向快速样式库中添加新样式，也可以将某个样式从快速样式库中删除。

如果要添加样式，请选定要创建为样式的段落，然后单击"样式"选项组中的下拉按钮，在展开的"样式库"中单击"将所选内容保存为快速新样式"选项，即可将当前格式设置为样式添加到快速样式库中。如果要从快速样式库中删除某个样式，请右击该样式，在弹出的快捷菜单中单击"从快速样式库中删除"选项。

Lesson

电子表格 Excel

11

本课建议学习时间

本课学习时间为 50 分钟，其中建议分配 30 分钟学习电子表格的使用，分配 20 分钟观看视频教学并进行练习。

学完本课后您将可以

▶ 掌握 Excel 工作表和单元格的操作方法

▶ 掌握数据输入与填充 重点

▶ 掌握公式和函数的应用 重点

▶ 掌握创建图表

▶ 掌握数据的排序、筛选和分类汇总 重点

▶ 插入工作表

▶ 选定单元格

▶ 制作班级学生情况表

主要知识点视频链接

11.1 Excel 的操作界面

与 Word 2007 相同，Excel 2007 也是一个直接面向结果化的操作界面，如图 11-1 所示。

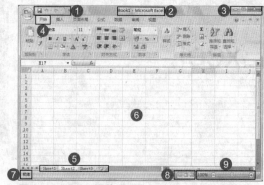

图 11-1 Excel 操作界面

❶ 自定义快速访问工具栏：在该工具栏中集成了多个常用的按钮，默认状态下集成了"保存"、"撤销键入"按钮。用户也可以自定义将常用按钮添加到快速访问工具栏中。

❷ 标题栏：显示 Excel 标题，并可以查看当前处于活动状态的文件名。

❸ 窗口控制按钮：使窗口最大化、最小化以及关闭的控制按钮。

❹ 标签：在标签中集成了 Excel 的功能区。

❺ 工作表标签：单击任意一个工作表标签可以使该工作表成为活动状态。

❻ 工作区：用于编辑、修改 Excel 数据内容。

❼ 状态栏：用于显示当前文件的信息。

❽ 视图按钮：单击其中某一按钮即可切换至所需的视图页面下。

❾ 显示比例：通过拖动中间的缩放滑块来选择工作区的显示比例。

11.2 编辑 Excel 工作表

工作簿由工作表组成，工作表是 Excel 中进行操作的基本单位。当启动了 Excel 后，系统就会自动创建 3 个工作表以供使用。本节将学习如何在 Excel 中编辑工作表。

视频演示 │ 编辑 Excel 工作表   常用指数：★★

11.2.1　插入和删除工作表

默认情况下系统将会自动为用户创建 3 个工作表，当然，也可以根据需要创建新的工作表或删除已有的工作表。

1. 插入工作表

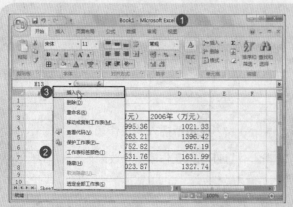

图 11-2　单击"插入"选项

打开"插入"对话框

❶ 打开附书光盘 / 实例文件 /Excel/ 原始文件 /Book1.xlsx。

❷ 在任意一个工作表标签上右击鼠标。

❸ 在弹出的快捷菜单中单击"插入"命令，如图 11-2 所示。

图 11-3　选择插入选项

选择插入选项

❶ 在弹出的"插入"对话框中的"常用"选项卡下单击"工作表"选项。

❷ 单击"确定"按钮，如图 11-3 所示。

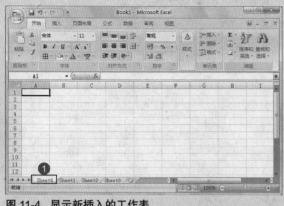

图 11-4　显示新插入的工作表

显示新插入的工作表

❶ 新插入的工作表处于激活状态，工作表标签名按现有的名称往后顺延，如图 11-4 所示。

Lesson 11　Lesson 12　Lesson 13　Lesson 14　Lesson 15

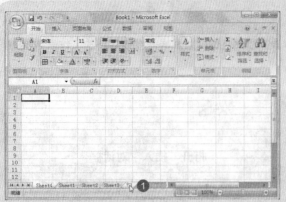

图 11-5 单击"新建工作表"按钮

4 新建工作表

❶ 单击标签名称后的"新建工作表"按钮，也可插入新工作表，如图 11-5 所示。

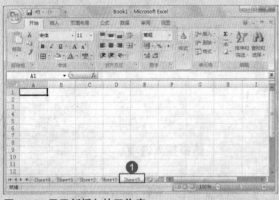

图 11-6 显示新插入的工作表

5 显示新插入的工作表

❶ 新插入工作表后，效果如图 11-6 所示。

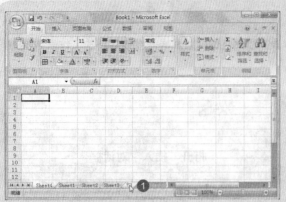

高手点拨

右击标签后，在原有标签的左侧插入新工作表，而使用"新建工作表"按钮插入的工作表在右侧显示。

2. 删除工作表

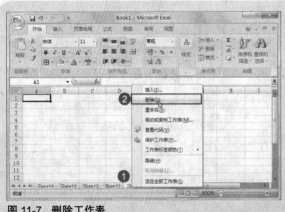

图 11-7 删除工作表

❶ 在需要删除的工作表标签上右击鼠标。
❷ 在弹出的快捷菜单中单击"删除"命令，如图 11-7 所示。

11.2.2 移动或复制工作表

Excel 中工作表的顺序是可以改变的，同时也可以对它进行复制操作。

图 11-8 单击"移动或复制工作表"命令

1 打开"移动或复制工作表"对话框

❶ 在需要移动或复制的工作表标签上右击鼠标。

❷ 在弹出的快捷菜单中单击"移动或复制工作表"命令，如图 11-8 所示。

TIPS

高手点拨

要移动工作表，可采取拖动操作。单击工作表标签，然后按住鼠标左键拖动，即可将选定工作表移动到需要的位置。

图 11-9 设置移动或复制选项

2 设置移动或复制选项

❶ 在弹出的对话框中的"下列选定工作表之前"列表框中单击"(移至最后)"选项。

❷ 单击"确定"按钮，如图 11-9 所示。

TIPS

高手点拨

❶ 用户还可将选定的工作表移动至其他工作簿中。

❷ 勾选"建立副本"复选框则工作表以副本的形式被移动到设置的位置。

11.2.3 工作表的重命名

默认情况下，Excel 中的工作表以 Sheet1、sheet2……顺序命名。用户也可以根据自己的需要重命名工作表。

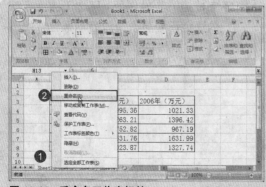

图 11-10 重命名工作表标签

1 重命名工作表标签

❶ 在需要重命名的工作表名称的标签上右击鼠标。

❷ 在弹出的快捷菜单中单击"重命名"命令，如图 11-10 所示。

Lesson 11　Lesson 12　Lesson 13　Lesson 14　Lesson 15

图 11-11 输入工作表名称

图 11-12 更改标签颜色

图 11-13 显示标签颜色更改后的效果

输入工作表名称

❶ 单击"重命名"命令后，所选工作表标签名切换到编辑状态，在工作表标签上输入新的工作表名称，然后按 Enter键完成重命名操作，如图 11-11 所示。

11.2.4 更改工作表标签的颜色

工作表标签的颜色可以自定义设置。设置工作表标签颜色，可以更容易识别工作表中的内容。

更改标签颜色

❶ 在需要更改标签颜色的工作表标签上右击鼠标。

❷ 在弹出的快捷菜单中单击"工作表标签颜色 > 橄榄色"命令,如图 11-12 所示。

显示工作表标签更改颜色后的效果

❶ 完成上一步操作后，所选工作表标签的颜色已经更改为设置的颜色，如图11-13 所示。

BASIC

11.3　Excel 中单元格的使用

单元格是 Excel 工作表中的基本元素，每个单元格都由行号和列号表示，在工作表中只有一个单元格是活动单元格，用户可在其中进行各种操作。

 视频演示 │ Excel 单元格的使用　　常用指数：★★★★

11.3.1　选定单元格

要对某个单元格进行操作，首先需要选定它。

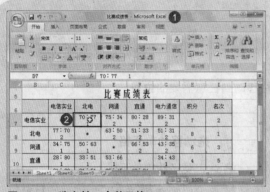

图 11-14　选定某一个单元格

1 选定某一个单元格

❶ 打开附书光盘 / 实例文件 /Excel/ 原始文件 / 比赛成绩表 .xlsx。

❷ 要选定某一个单元格，只需要单击该单元格，如图 11-14 所示。

图 11-15　选定单元格区域

2 选定单元格区域

❶ 要选定连续区域的单元格，需要按住鼠标左键，然后在需要选中的单元格区域内拖动，如图 11-15 所示。

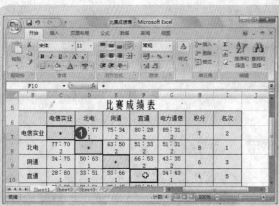

图 11-16　选定不连续区域的单元格

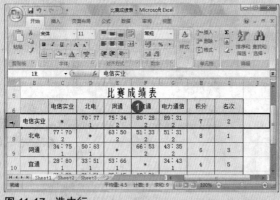

图 11-17　选中行

3 选定不连续区域的单元格

❶ 要选定一些不连续区域的单元格，需要按住 Ctrl 键，然后依次单击要选定的单元格，如图 11-16 所示。

4 选中行

❶ 要选定工作表的某一行，只需要单击该行的行号即可，如图 11-17 所示。

TIPS 高手点拨

> 要选定工作表中的某一列，只需要单击该列的列号即可。

11.3.2　单元格的移动

单元格是可以随意移动的，用户可以选择将单元格移动到任意需要的位置。

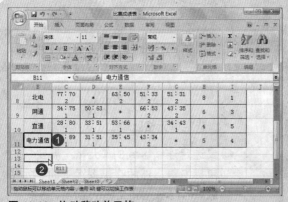

图 11-18　拖动移动单元格

1 拖动移动单元格

❶ 选定要移动的单元格。
❷ 按下鼠标左键将单元格拖动到目标位置，如图 11-18 所示。

TIPS 高手点拨

> 进行移动单元格操作还可采取剪切操作，使用"剪贴板"选项组中的"剪切"按钮，然后在目标单元格粘贴，也可实现单元格的移动。

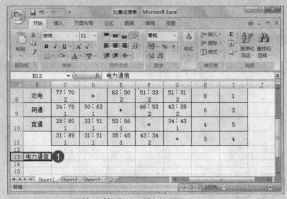

图 11-19　显示单元格移动后的效果

2 显示单元格移动后的效果

❶ 释放鼠标，即可将单元格移动到目标位置，如图 11-19 所示。

11.3.3　单元格的复制与粘贴

用户可以对单元格进行复制和粘贴操作，包括选择复制格式、公式、值等。

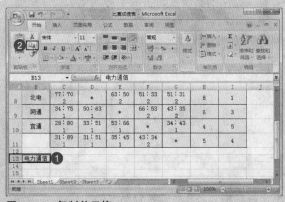

图 11-20　复制单元格

1 复制单元格

❶ 选中需要复制的单元格。

❷ 在 "开始" 选项卡下单击 "剪贴板" 选项组中的 "复制" 按钮，如图 11-20 所示。

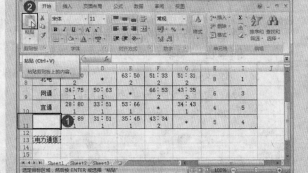

图 11-21　粘贴单元格

2 粘贴单元格

❶ 选定需要粘贴到的目标单元格。

❷ 单击 "剪贴板" 选项组中的 "粘贴" 按钮，如图 11-21 所示。

TIPS

高手点拨

如果用户不希望改变单元格主题，则直接单击 "粘贴" 按钮，否则可单击 "粘贴" 下拉按钮，然后在展开的列表中选择粘贴的类型。

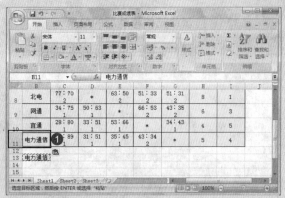

图 11-22　显示粘贴后的效果

显示粘贴后的效果

① 单元格被粘贴到目标单元格后，效果如图 11-22 所示。

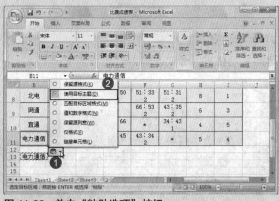

图 11-23　单击"粘贴选项"按钮

单击"粘贴选项"按钮

① 单击"粘贴选项"按钮。
② 在展开的列表中，可以重新选择粘贴的类型，如图 11-23 所示。

11.3.4　单元格的删除

单元格的删除包括删除单元格中的内容、仅删除单元格的格式以及将二者全部清除。

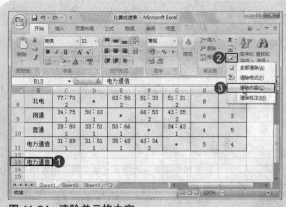

图 11-24　清除单元格内容

清除内容

① 选中需要清除内容的单元格。
② 单击"编辑"选项组中的"清除"下拉按钮。
③ 在展开的列表中单击"清除内容"选项，如图 11-24 所示。

TIPS 高手点拨

要清除单元格的内容，也可以按 Delete 键。

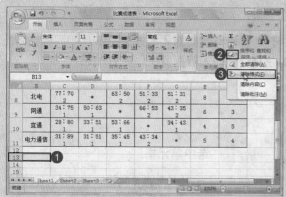

图 11-25 清除单元格格式

2 清除格式

❶ 选中需要清除格式的单元格。

❷ 单击"编辑"选项组中的"清除"下拉按钮。

❸ 在展开的列表中单击"清除格式"选项，如图 11-25 所示。

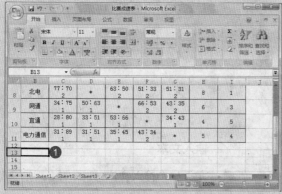

图 11-26 显示单元格清除格式后的效果

3 显示单元格清除格式后的效果

❶ 单元格清除格式后，效果如图 11-26 所示。

TIPS

高手点拨

需要一次性清除单元格的内容和格式时，可以单击"全部清除"选项。

11.4 数据输入与填充

数据是表格中最基础、最重要的内容。在学习了工作表以及单元格的基础操作后，本节将学习如何在 Excel 工作表中输入数据，以及使用简便的方法填充它们。

视频演示 │ 数据输入与填充　　常用指数：★★★★

Lesson 11　Lesson 12　Lesson 13　Lesson 14　Lesson 15

11.4.1 Excel 数据的输入

Excel 电子表格中可以兼容多种数据格式。由于处理各种数据格式的方法是不尽相同的，因此，Excel 提供了多种数据的输入方法，掌握这些方法将会使输入数据的操作更加方便。

1. 输入文本

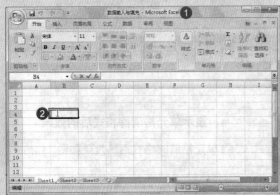

图 11-27 选中单元格

图 11-28 输入文本

图 11-29 继续输入文本

选中单元格

❶ 打开附书光盘 \ 实例文件 \Excel\ 原始文件 \ 数据输入与填充 .xlsx。

❷ 双击要输入文本的单元格，即可在其中输入文本，如图 11-27 所示。

输入文本

❶ 在单元格中输入文本，如图 11-28 所示。

高手点拨

如果输入的文字超出了单元格的宽度，而此右边的单元格为空时，则 Excel 会占用右边单元格的空间，从而完全显示出文本。

继续输入文本

❶ 在右侧的单元格输入文本，如图 11-29 所示。此时，左侧的单元格就不会被完全显示。

图 11-30 单击"对齐方式"选项组的对话框启动器

4 切换到"对齐"选项卡

① 要使单元格中的文字全部显示，可先选中该单元格。

② 单击"对齐方式"选项组的对话框启动器，如图 11-30 所示。

图 11-31 设置缩小字体填充

5 设置缩小字体填充

① 弹出"设置单元格格式"对话框，在"对齐"选项卡下勾选"文本控制"选项组中的"缩小字体填充"复选框。

② 单击"确定"按钮，如图 11-31 所示。

图 11-32 单元格设置缩小字体填充后的效果

6 显示单元格设置缩小字体填充后的效果

① 此时单元格的字体自动缩小到可以在单元格中全部显示的状态，如图 11-32 所示。

图 11-33 设置单元格中文本自动换行

7 设置单元格中文本自动换行

① 用户也可以在"设置单元格格式"对话框中的"对齐"选项卡下勾选"文本控制"选项组中的"自动换行"复选框。

② 单击"确定"按钮，如图 11-33 所示。

图 11-34　显示文本设置自动换行后的效果

8 显示文本设置自动换行后的效果

❶ 单元格中文本设置自动换行后的效果，如图 11-34 所示。

图 11-35　使用"自动换行"按钮自动换行

9 使用"自动换行"按钮也可自动换行

❶ 选中需要设置自动换行的单元格。

❷ 单击"对齐方式"选项组中的"自动换行"按钮，也可实现单元格文本的自动换行显示，如图 11-35 所示。

2．输入数字

图 11-36　单击"设置单元格格式"命令

1 打开"设置单元格格式"对话框

❶ 在 B6 单元格中输入数字"236.796"，然后右击该单元格。

❷ 在弹出的快捷菜单中单击"设置单元格格式"命令，如图 11-36 所示。

高手点拨

单击"数字"选项组的对话框启动器，也可以打开"设置单元格格式"对话框。

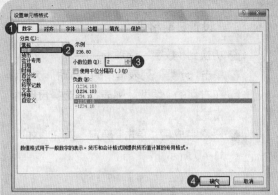

图 11-37 设置数字格式

2 设置数字格式

❶ 切换到"数字"选项卡。

❷ 在"分类"列表框中单击"数值"选项。

❸ 设置"小数位数"为"2"。

❹ 单击"确定"按钮，如图 11-37 所示。

图 11-38 显示数字设置格式后的效果

3 显示数字设置格式后的效果

❶ 单元格中数字格式更改后的效果，如图 11-38 所示。

3. 输入日期和时间

图 11-39 单击"对齐方式"选项组的对话框启动器

1 打开"设置单元格格式"对话框

❶ 选中 A3 单元格。

❷ 单击"对齐方式"选项组的对话框启动器，如图 11-39 所示。

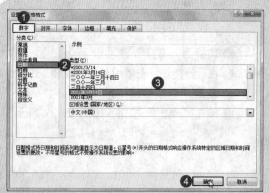

图 11-40　设置日期格式

2 设置日期格式

❶ 切换到"数字"选项卡。

❷ 单击"分类"列表框中的"日期"选项。

❸ 在右侧的"类型"列表框中选择日期的格式。

❹ 设置完成后，单击"确定"按钮，如图 11-40 所示。

图 11-41　输入日期

3 输入日期

❶ 在 A3 单元格中输入日期，例如输入"2007-7-3"，如图 11-41 所示。

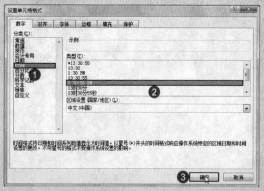

图 11-42　显示日期效果

4 显示日期效果

❶ 按 Enter 键后，所输入的日期即按照设置的格式显示了，如图 11-42 所示。

5 设置时间格式

❶ 先选定需要设置时间的单元格，例如选中 C3 单元格，在"设置单元格格式"对话框中的"数字"选项卡下单击"分类"列表框中的"时间"选项。

❷ 在右侧的"类型"列表框中选择时间的类型。

❸ 单击"确定"按钮，如图 11-43 所示。

图 11-43　设置时间格式

图 11-44 输入时间

6 输入时间

❶ 在 C3 单元格中输入时间,例如输入"07:30",如图 11-44 所示。

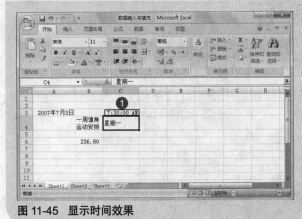

图 11-45 显示时间效果

7 显示时间效果

❶ 按 Enter 键后,所输入的时间即按照设置的格式显示出来,如图 11-45 所示。

11.4.2 自动填充

自动填充是 Excel 电子表格中的一大特色,智能化的设计把用户从大量的、枯燥的数据输入过程中解放出来,大大提高了工作效率。

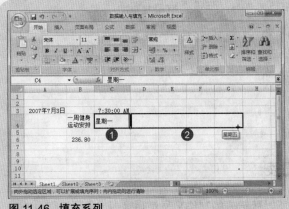

图 11-46 填充系列

1 填充系列

❶ 选中 C4 单元格。

❷ 将鼠标置于单元格的右下角,待出现十字光标后,按住鼠标左键,向右方拖动至 G4 单元格,如图 11-46 所示。

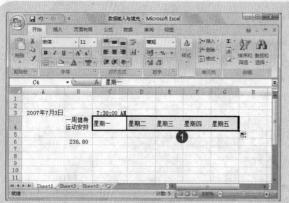

图 11-47　显示填充效果

2 显示自动填充效果

❶ 释放鼠标后，单元格内就自动填充上了时间序列。此处在单元格内自动填充了"星期二"、……"星期五"，如图 11-47 所示。

图 11-48　复制填充

3 复制填充

❶ 如果希望采取复制填充方式填充单元格，可先选中需要复制的单元格，然后按下 Ctrl 键拖动单元格右下角的十字光标，如图 11-48 所示。

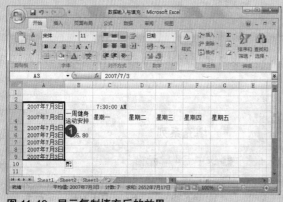

图 11-49　显示复制填充后的效果

4 显示复制单元格数据后的效果

❶ 采用填充柄复制单元格数据后，效果如图 11-49 所示。

TIPS

高手点拨

如果是文本复制，可直接拖动单元格右下角的十字光标。

 动手练一练 ｜ 制作学生登记表

进行个人信息登记在日常生活中会经常接触，所以登记表的制作又是使用较多的电子表格。

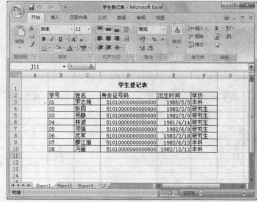

图 11-50 学生登记表最终效果

本节为一个学生登记表的制作，如图 11-50 所示。通过学习设置各种数字格式，再结合前面介绍的方法，使用户对各种数据格式的设置更为熟悉，方便用户举一反三的制作各种表格。

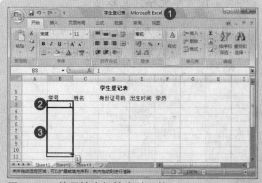

图 11-51 使用填充柄填充单元格

1 使用填充柄填充单元格

❶ 打开附书光盘：实例文件 \Excel\ 动手练一练 \ 原始文件 \ 学生登记表 .xlsx。

❷ 在 B3 单元格中输入数字"1"。

❸ 拖动单元格右下角的十字光标，填充数据，如图 11-51 所示。

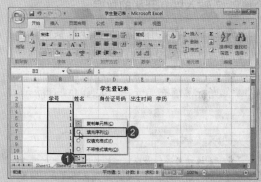

图 11-52 更改为填充序列

2 更改为填充序列

❶ 单击"自动填充选项"按钮。

❷ 在展开的列表中单击"填充序列"单选按钮，如图 11-52 所示。

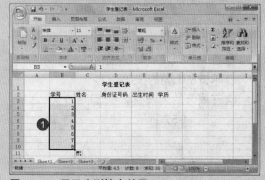

图 11-53 显示序列填充效果

3 显示序列填充效果

❶ 填充选项更改为序列填充后的效果，如图 11-53 所示。

Lesson 11　Lesson 12　Lesson 13　Lesson 14　Lesson 15

图 11-54 单击"设置单元格格式"命令

4 打开"设置单元格格式"对话框

❶ 选中 B3:B10 单元格区域，然后右击鼠标。

❷ 在弹出的快捷菜单中单击"设置单元格格式"命令，如图 11-54 所示。

图 11-55 设置单元格为文本格式

5 设置单元格为文本格式

❶ 弹出"设置单元格格式"对话框，单击"分类"列表框中的"文本"选项。

❷ 单击"确定"按钮，如图 11-55 所示。

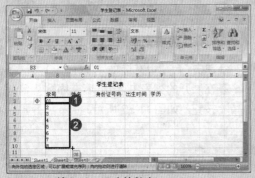

图 11-56 输入以 0 开头的数字

6 输入以 0 开头的数字

❶ 在 B3 单元格中输入以 0 开头的数字，这里输入"01"。

❷ 输入完毕后，拖动单元格右下角的十字光标，填充单元格，如图 11-56 所示。

TIPS

高手点拨

直接在单元格中是不能输入以 0 开头的数字的，用户可以采取更改单元格格式的方法输入数字。

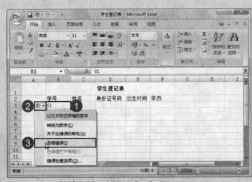

图 11-57 单击"忽略错误"选项

7 忽略错误

❶ 选中 B3:B10 单元格区域。

❷ 单击左上角的按钮。

❸ 在展开的列表中单击"忽略错误"选项，如图 11-57 所示。

图 11-58　输入身份证号码

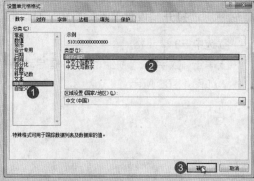

图 11-59　设置单元格格式

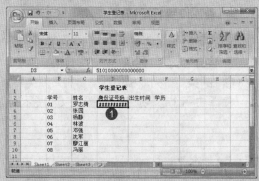

图 11-60　显示设置单元格格式后的效果

图 11-61　自动调整列宽

8 输入身份证号码

1. 在 D3 单元格中输入身份证号码，如图 11-58 所示。

TIPS

高手点拨

可以看到单元格中的数值不能正确显示，这是因为系统将它当做一个常规数字来处理了，是用科学计数法进行显示。

9 设置单元格格式

1. 打开"设置单元格格式"对话框，在"数字"选项卡下单击"分类"选项组中的"特殊"选项。
2. 单击右侧"类型"列表框中的"邮政编码"选项。
3. 单击"确定"按钮，如图 11-59 所示。

10 显示设置单元格格式后的效果

1. 设置单元格格式后，单元格中的数字显示情况如图 11-60 所示。由于单元格列宽不足以使整个数值显示出来，所以其表现在单元格内就是以多个#号显示。

11 自动调整列宽

1. 要自动调整某列单元格的列宽，可以将鼠标置于两个列号之间，待指针变为╋形后，双击鼠标，如图 11-61 所示。

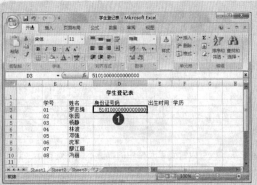

图 11-62 显示单元格自动调整列宽后的效果

12 显示单元格自动调整列宽后的效果

❶ 单元格自动调整列宽后的效果，如图 11-62 所示。

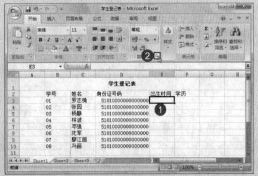

图 11-63 单击"数字"选项组的对话框启动器

13 打开"设置单元格格式"对话框

❶ 选中 E3 单元格。

❷ 单击"数字"选项组的对话框启动器，如图 11-63 所示。

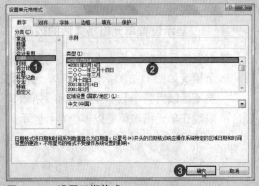

图 11-64 设置日期格式

14 设置日期格式

❶ 在弹出的对话框中的"数字"选项卡下单击"分类"列表框中的"日期"选项。

❷ 在"类型"列表框中选择一种日期类型。

❸ 单击"确定"按钮，如图 11-64 所示。

图 11-65 输入日期

15 输入日期

❶ 在 E3 单元格中输入出生时间为"1985/5/5"。

❷ 输入完毕后，按 Enter 键即可按设置的日期格式显示日期了，如图 11-65 所示。

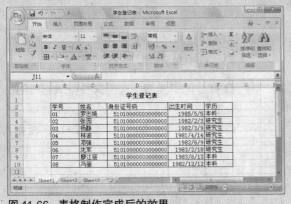

图 11-66 表格制作完成后的效果

16 表格制作完成后的最终效果

① 在其他单元格中输入文本，并设置相应的格式，表格制作完成后的最终效果如图 11-66 所示。

BASIC

11.5 在 Excel 中应用公式与函数

通过前面的学习，用户已经应该对 Excel 的操作有了基本的了解。Excel 中最强大的功能是使用公式和函数分析表格中的数据。因此，本节无疑是一个非常重要的章节。在本节中用户可以学到在 Excel 中使用公式和函数分析数据的方法。

 视频演示 ┃ 应用公式与函数　　常用指数：★★★

11.5.1 公式的使用

Excel 电子表格中的公式是指对指定单元格内容进行数学计算的等式，而且公式可以将不同单元格、不同工作表，甚至不同的工作簿的内容联系起来，从而赋予电子表格动态的特性。

1. 公式的输入

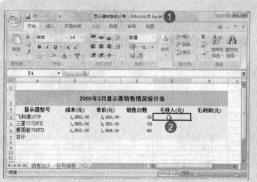

图 11-67　选中单元格

1 选中单元格

❶ 打开附书光盘 \ 实例文件 \Excel\ 原始
文件 \ 显示器销售统计表 .xlsx。

❷ 单击选中 E4 单元格，如图 11-67 所示。

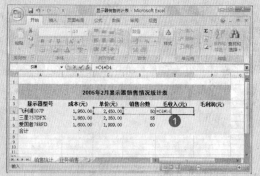

图 11-68　输入公式

2 输入公式

❶ 在该单元格中输入公式"=C4*D4"，如
图 11-68 所示。

TIPS

高手点拨

在单元格输入公式的同时，编辑栏也相应显
示出了公式的输入情况。

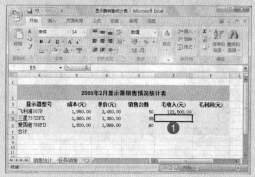

图 11-69　显示计算结果

3 显示计算结果

❶ 公式输入完成后，按 Enter 键，此时
单元格内显示出了根据公式计算出的结
果，如图 11-69 所示。

图 11-70　单击编辑栏

4 单击编辑栏

❶ 选中 E5 单元格。

❷ 单击编辑栏，定位光标插入点，如图
11-70 所示。

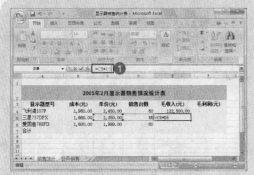

图 11-71　在编辑栏中输入公式

5 在编辑栏中输入公式

❶ 在编辑栏中输入公式，如图 11-71 所示。

TIPS

高手点拨

在编辑栏中输入公式的同时，选定单元格中也会出现公式的编辑情况。

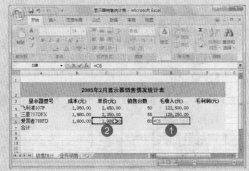

图 11-72　引用单元格

6 引用单元格

❶ 选中 E6 单元格。

❷ 在单元格中输入"＝"，然后单击选中 C6 单元格，此时，C6 单元格编号即被添加到公式中，引用后的效果如图 11-72 所示。

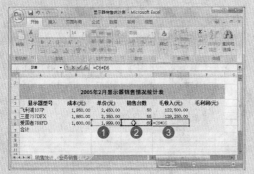

图 11-73　编辑公式

7 编辑公式

❶ 在 C6 后面输入"×"号。

❷ 单击要引用的 D6 单元格，如图 11-73 所示。

❸ 引用完成后，按下 Enter 键即可计算出结果。

2. 公式的复制

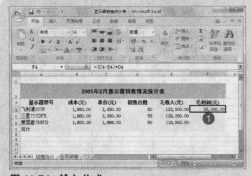

图 11-74　输入公式

方法一：使用"复制"按钮复制公式

❶ 用前面介绍的输入公式的方法，在 F4 单元格中输入公式，并计算出结果，如图 11-74 所示。

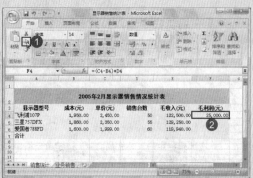

图 11-75　复制公式

1 复制公式

❶ 选中 F4 单元格。

❷ 在"开始"选项卡下单击"剪贴板"选项组中的"复制"按钮,如图 11-75 所示。

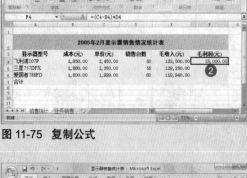

图 11-76　粘贴公式

2 粘贴公式

❶ 单击需要复制公式的单元格,这里单击 F5 单元格。

❷ 单击"剪贴板"选项组中的"粘贴"下拉按钮。

❸ 在展开的列表中单击"公式"选项,如图 11-76 所示。

图 11-77　显示复制公式后的效果

3 显示复制公式后的效果

❶ F5 单元格应用了复制的公式,并且显示出了公式的计算结果,如图 11-77 所示。

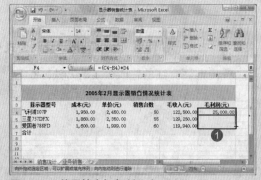

图 11-78　使用填充柄复制公式

方法二:使用填充柄复制公式

❶ 将鼠标置于 F4 单元格的右下角,待出现十字光标后向下拖动填充公式,如图 11-78 所示。

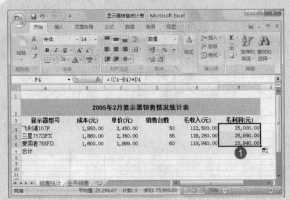

图 11-79　显示复制公式后的效果

显示复制公式后的效果

❶ 释放鼠标后，被拖动经过的单元格应用了复制的公式，并显示出公式的计算结果，如图 11-79 所示。

11.5.2　函数的使用

当涉及的单元格比较多时计算操作就显得相当繁琐，而且函数还可以拓宽到许多公式无法解决的运算问题。因此，掌握函数的使用将使用户对数据的分析更加得心应手。

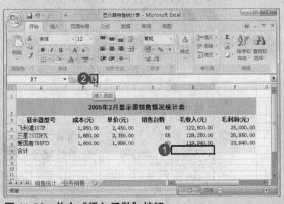

图 11-80　单击"插入函数"按钮

使用编辑栏旁的"插入函数"按钮

❶ 单击选中 E7 单元格。

❷ 单击编辑栏左侧的"插入函数"按钮，如图 11-80 所示。

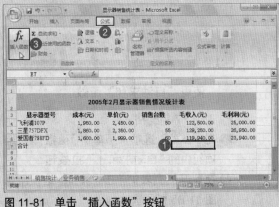

图 11-81　单击"插入函数"按钮

高手点拨

使用"公式"选项卡下的"插入函数"按钮

❶ 用户也可以先选中单元格。

❷ 切换到"公式"选项卡。

❸ 单击"函数库"中的"插入函数"按钮，如图 11-81 所示。

图 11-82 选择函数

2 选择函数

❶ 弹出"插入函数"对话框,单击"选择函数"列表框中的"SUM"选项。

❷ 单击"确定"按钮,如图 11-82 所示。

图 11-83 设置函数参数

3 设置函数参数

❶ 弹出"函数参数"对话框,默认的参数"E4:E6"正是所需函数的参数,直接单击"确定"按钮,如图 11-83 所示。

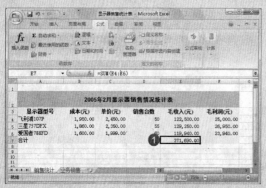

图 11-84 显示函数结果

4 显示函数结果

❶ 单击"确定"按钮后,所选单元格即插入了函数,并显示出函数的结果,如图 11-84 所示。

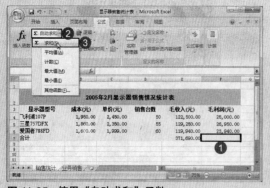

图 11-85 使用"自动求和"函数

5 使用"自动求和"函数

❶ 选中 F7 单元格。

❷ 在"公式"选项卡下单击"函数库"选项组中的"自动求和"下拉按钮。

❸ 在展开的列表中单击"求和"选项,如图 11-85 所示。

图 11-86 设置函数参数

6 设置函数参数

1 函数参数选定的范围为"F4:F6",如图 11-86 所示。

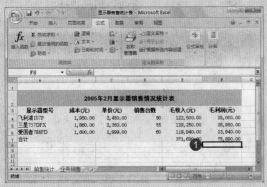

图 11-87 显示函数结果

7 显示函数结果

1 按下 Enter 键后,在所选单元格中即显示出了函数的结果,如图 11-87 所示。

BASIC

11.6 在 Excel 中使用图表

用户可以根据 Excel 中的数据创建出更形象化的图表,在 Excel 中创建图表也是进行数据分析时经常会使用的一种方法。

视频演示 | 使用图表　　常用指数:★★★★

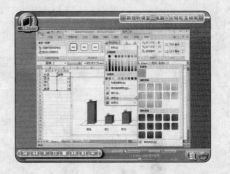

11.6.1 创建图表

在 Excel 中，图表的种类有很多，比如柱形图、折线图、饼图、条形图等。使用不同的图表可以使数据的表现方式更加多样化。

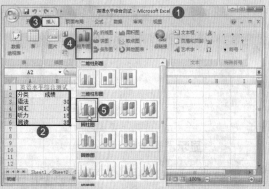

图 11-88　插入图表

1 插入图表

① 打开附书光盘 \ 实例文件 \Excel\ 原始文件 \ 英语水平综合测试 .xlsx。

② 选中 A2:B6 单元格区域。

③ 切换到"插入"选项卡。

④ 单击"图表"选项组中的"柱形图"下拉按钮。

⑤ 在展开的列表中单击"三维簇状柱形图"选项，如图 11-88 所示。

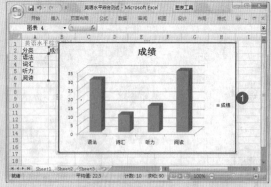

图 11-89　显示图表插入后的效果

2 显示图表插入后的效果

① 图表插入到工作表中后的效果，如图 11-89 所示。

11.6.2 设置图表格式

图表创建完成后，用户可根据自己的需要对图表进行美化，设置图表的格式。

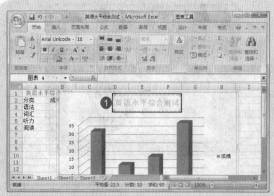

图 11-90　更改图表标题

1 更改图表标题

① 单击选中图表标题，将鼠标指针置于标题框中，则标题文本变为编辑状态。重新输入图表的标题，并设置标题的字体格式，设置完成后的效果如图 11-90 所示。

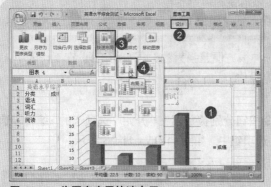

图 11-91　为图表应用快速布局

2 为图表应用快速布局

① 选中图表。

② 切换到"图表工具"-"设计"选项卡。

③ 单击"图表布局"选项组中的"快速布局"下拉按钮。

④ 在展开的样式库中选择"布局 2"样式，如图 11-91 所示。

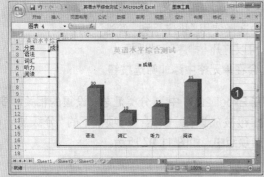

图 11-92　显示图表应用快速布局后的效果

3 显示图表应用快速布局后的效果

① 图表应用快速布局后的效果，如图 11-92 所示。

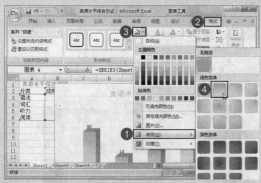

图 11-93　设置数据系列填充格式

4 设置数据系列填充格式

① 选中所有数据系列。

② 切换到"图表工具"-"格式"选项卡。

③ 单击"形状样式"选项组中的"形状填充"下拉按钮。

④ 在展开的列表中单击"渐变 > 线性向下"选项，如图 11-93 所示。

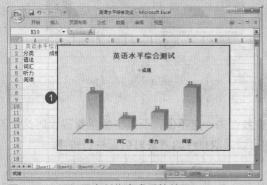

图 11-94　显示图表制作完成后的效果

5 显示图表制作完成后的效果

① 设置图表格式，图表制作完成后的最终效果，如图 11-94 所示。

Lesson 11　Lesson 12　Lesson 13　Lesson 14　Lesson 15

11.7 Excel 中数据的分析与处理

Excel电子表格除了有前面介绍的功能外,还是一种很方便且强大的数据分析工具。在工作表中,用户可以对数据进行排序、筛选以及分类汇总等操作。

在 Excel 2007 中,"排序和筛选"设置的相关命令按钮分别被放置在"开始"选项卡的"编辑"选项组中,以及"数据"选项卡下的"排序和筛选"选项组中,如图 11-95, 11-96 所示。

图 11-95 "编辑"组   图 11-96 "排序和筛选"组

❶ "排序和筛选"按钮:单击它可以在展开的列表中选择使用"排序"和"筛选"功能。

❷ "排序"按钮:对数据进行排序。单击该按钮,可以打开"排序"对话框。

❸ "筛选"按钮:对数据进行筛选。单击该按钮,会在单元格中添加筛选按钮。

图 11-97 "分类汇总"

在 Excel 2007 中,"分类汇总"设置的相关命令按钮被放置在"数据"选项卡下的"分级显示"选项组中,如图 11-97 所示。

❶ "分类汇总"按钮:对数据进行分类汇总。单击该按钮,可以打开"分类汇总"对话框。

❷ "显示明细数据"按钮:显示汇总的所有明细数据。

❸ "隐藏明细数据"按钮:将汇总的明细数据隐藏起来。

视频演示 | 数据分析与处理   常用指数:★★★

11.7.1 数据排序

数据清单的记录有时排列没有规则,这就给人工查找带来一定不便。而且当数据量很大时这个问题尤为突出。为了使数据的排列更具规律性,用户可以采取排序的方法对数据进行排序。

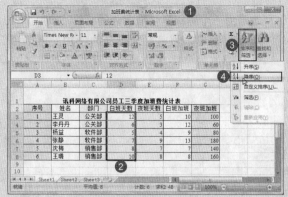

图 11-98 单击"排序"选项

单击"排序"选项

1. 打开附书光盘 \ 实例文件 \Excel\ 原始文件 \ 加班费统计表 .xlsx。
2. 选中 D3:D8 单元格区域。
3. 在"开始"选项卡下单击"编辑"选项组中的"排序和筛选"按钮。
4. 在展开的列表中单击"降序"选项，如图 11-98 所示。

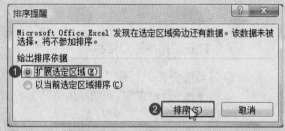

图 11-99 选择排序依据

选择排序依据

1. 弹出"排序提醒"对话框，单击"扩展选定区域"单选按钮。
2. 单击"排序"按钮，如图 11-99 所示。

T?PS

高手点拨

> 单击"以当前选定区域排序"单选按钮，则只对当前选定范围进行排序，排序时不会考虑到其他数据区域的情况。

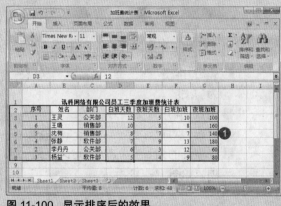

图 11-100 显示排序后的效果

显示排序后的效果

1. 选定单元格区域按降序排列后的效果，如图 11-100 所示。

动手练一练 | 制作班级学生情况表

排列数据清单中的某些信息是 Excel 电子表格中经常使用到的一种方法。这种方法可以帮助用户快速识别数据的特殊规律。

Lesson 11　Lesson 12　Lesson 13　Lesson 14　Lesson 15

最终文件路径

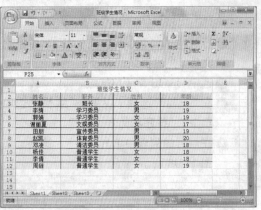

图 11-101　班级学生情况表最终效果

本节为一个班级学生情况表的制作，如图 11-101 所示。通过学习自定义排序的使用，再结合前面介绍的简单排序的操作，使用户对排序的认识更为清晰。

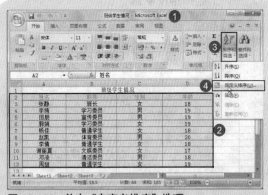

图 11-102　单击"自定义排序"选项

打开"排序"对话框

❶ 打开附书光盘 \ 实例文件 \Excel\ 动手练一练 \ 原始文件 \ 班级学生情况 .xlsx。

❷ 选中 A2:D12 单元格区域。

❸ 在"开始"选项卡下单击"编辑"选项组中的"排序和筛选"按钮。

❹ 在展开的列表中单击"自定义排序"选项，如图 11-102 所示。

图 11-103　设置关键字

打开"自定义序列"对话框

❶ 弹出"排序"对话框，设置"主要关键字"为"职务"。

❷ 设置"排序依据"为"数值"。

❸ 单击"次序"列表框右侧下拉按钮。

❹ 在展开的列表中单击"自定义序列"选项，如图 11-103 所示。

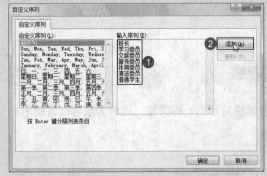

图 11-104　添加序列

添加序列

❶ 在"输入序列"列表框中输入新的自定义序列。

❷ 输入完成后，单击"添加"按钮，如图 11-104 所示。

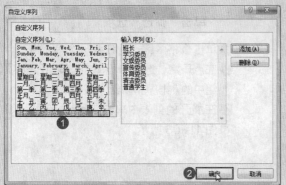

图 11-105　完成自定义次序设置

4 完成自定义次序设置

❶ 单击"添加"按钮后，在左侧的"自定义序列"列表框中显示出了新增添的序列。

❷ 单击"确定"按钮完成次序设置，如图 11-105 所示。

图 11-106　退出"排序"对话框

5 退出"排序"对话框

❶ 单击"确定"按钮后，返回"排序"对话框，"次序"中已经应用了设置好的值。

❷ 单击"确定"按钮退出"排序"对话框，如图 11-106 所示。

图 11-107　显示设置自定义排序后的效果

6 显示设置自定义排序后的效果

❶ 单元格按照自定义设置的排序排列后，效果如图 11-107 所示。

11.7.2　数据筛选

除了排序外，Excel 还可以对数据进行筛选，将符合要求的数据显示在工作表上，不符合要求的数据隐藏起来。

图 11-108　单击"筛选"选项

1 单击"筛选"选项

❶ 单击表格中第一行任意一个单元格。

❷ 在"开始"选项卡下单击"编辑"选项组中的"排序和筛选"按钮。

❸ 在展开的列表中单击"筛选"选项，如图 11-108 所示。

图 11-109　文本筛选

2 文本筛选

❶ 待第一行的每个单元格中都出现筛选符号后，单击 C2 单元格中下拉按钮。

❷ 在展开的列表中取消勾选"全选"复选框，再勾选"软件部"复选框。

❸ 单击"确定"按钮，如图 11-109 所示。

图 11-110　显示筛选结果

3 显示筛选效果

❶ 筛选所有"软件部"的加班统计情况后，效果如图 11-110 所示。

图 11-111　清除筛选

4 清除筛选

❶ 要清除筛选结果，可再次单击"排序和筛选"按钮。

❷ 在展开的列表中单击"清除"选项，如图 11-111 所示。

11.7.3 数据分类汇总

用户在处理数据时，有时需要对数据进行分类汇总。在对数据进行分类汇总之前，需对数据进行排序，以便将需要汇总的内容组合在一起。

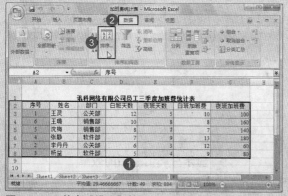

图 11-112 单击"排序"按钮

打开"排序"对话框

❶ 选中 A2:G8 单元格区域。

❷ 切换到"数据"选项卡。

❸ 单击"排序和筛选"选项组中的"排序"按钮，如图 11-112 所示。

TIPS

高手点拨

要对数据进行分类汇总，首先需要对汇总数据进行排序。

图 11-113 设置关键字

设置关键字

❶ 弹出"排序"对话框，设置"主要关键字"为"部门"。

❷ 单击"确定"按钮，如图 11-113 所示。

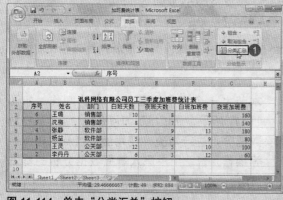

图 11-114 单击"分类汇总"按钮

打开"分类汇总"对话框

❶ 选定区域按"部门"进行排列后，再单击"分级显示"选项组中的"分类汇总"按钮，如图 11-114 所示。

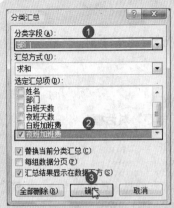

图 11-115 设置汇总选项

4 设置汇总选项

① 弹出"分类汇总"对话框，设置"分类字段"为"部门"。

② 勾选"选定汇总项"列表框中的"夜班加班费"复选框。

③ 单击"确定"按钮，如图 11-115 所示。

图 11-116 显示分类汇总后的效果

5 显示分类汇总后的效果

① 按"部门"汇总夜班加班费用后的效果，如图 11-116 所示。

PRACTICE

11.8 知识点综合运用——制作家电销售统计表

使用函数对数据进行分析以及创建图表是 Excel 中的两项重要操作。下面就使用这两个功能来制作家电销售统计表，具体的方法如下。

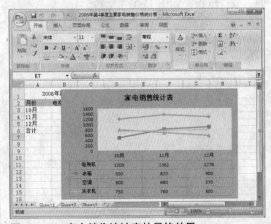

图 11-117 家电销售统计表的最终效果

本节为一个家电销售统计表的制作，如图 11-117 所示。通过学习如何在一个工作表中对数据分别进行填充、使用函数以及创建图表等操作，帮助用户深入掌握数据分析的基本方法。

图 11-118　合并和居中标题

1 合并和居中标题

1️⃣ 打开附书光盘 / 实例文件 /Excel/ 知识点综合运用 / 原始文件 /2006 年第 4 季度主要家电销售价格统计表 .xlsx。

2️⃣ 选中 A1:E1 单元格区域。

3️⃣ 在"开始"选项卡下单击"对齐方式"选项组中的"合并后居中"下拉按钮。

4️⃣ 在展开的列表中单击"合并后居中"选项，如图 11-118 所示。

图 11-119　选中单元格

2 选中单元格

1️⃣ 单击 A3 单元格，如图 11-119 所示。

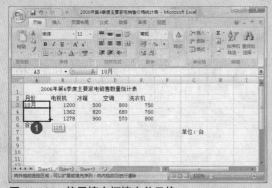

图 11-120　使用填充柄填充单元格

3 使用填充柄填充单元格

1️⃣ 拖动单元格右下角的十字光标填充单元格，如图 11-120 所示。

图 11-121　使用"自动求和"函数

4 使用"自动求和"函数

1️⃣ 选中 B6 单元格。

2️⃣ 切换到"公式"选项卡。

3️⃣ 单击"函数库"选项组中的"自动求和"下拉按钮。

4️⃣ 在展开的列表中单击"求和"选项，如图 11-121 所示。

Lesson 11　Lesson 12　Lesson 13　Lesson 14　Lesson 15

图 11-122　选择求和区域

5 选择求和区域

❶ 系统默认选择 B3:B5 单元格区域，如图 11-122 所示。

Tips

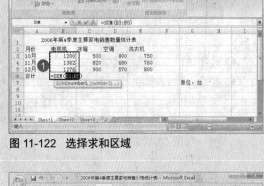

图 11-123　显示函数结果

6 显示函数结果

❶ 使用自动求和函数计算出结果后的效果，如图 11-123 所示。

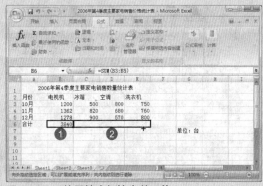

图 11-124　使用填充柄填充单元格

7 使用填充柄填充单元格

❶ 选中 B6 单元格。

❷ 拖动其右下角的十字光标至 E6 单元格，如图 11-124 所示。

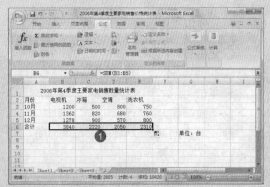

图 11-125　显示填充效果

8 显示填充效果

❶ 填充自动求和函数后的效果，如图 11-125 所示。

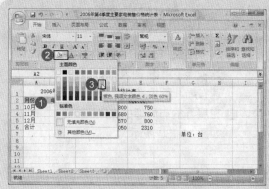

图 11-126　为单元格设置填充颜色

9 为单元格设置填充颜色

① 选中 A2:E2 单元格区域。

② 单击"字体"选项组中的"填充颜色"下拉按钮。

③ 在展开的列表中单击选择一种填充颜色，如图 11-126 所示。

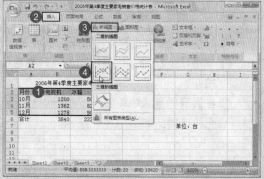

图 11-127　插入折线图

10 插入折线图

① 选中 A2:E5 单元格区域。

② 切换到"插入"选项卡。

③ 单击"图表"选项组中的"折线图"下拉按钮。

④ 在展开的列表中单击"带数据标记的折线图"选项，如图 11-127 所示。

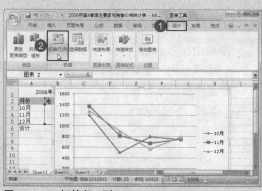

图 11-128　切换行 / 列

11 切换行 / 列

① 插入折线图后，切换到"图表工具"-"设计"选项卡。

② 单击"数据"选项组中的"切换行 / 列"按钮，如图 11-128 所示。

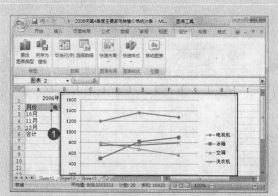

图 11-129　显示图表切换行 / 列后的效果

12 显示图表切换行 / 列后的效果

① 图表切换行与列后的效果，如图 11-129 所示。

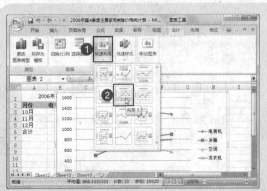

图 11-130　应用快速布局

13 应用快速布局

❶ 选中图表，然后在"图表工具"-"设计"选项卡下单击"图表布局"选项组中的"快速布局"下拉按钮。

❷ 在展开的布局库中选择"布局 5"样式，如图 11-130 所示。

图 11-131　删除网格线

14 删除网格线

❶ 切换到"图表工具"-"布局"选项卡。

❷ 单击"坐标轴"选项组中的"网格线"按钮。

❸ 在展开的列表中单击"主要横网格线 > 无"选项，如图 11-131 所示。

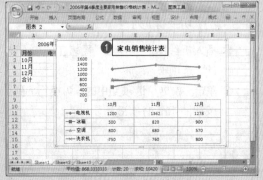

图 11-132　设置图表标题和坐标轴标题

15 设置图表标题和坐标轴标题

❶ 单击图表标题，将鼠标指针置于标题编辑框内，在其中输入新的图表标题。

❷ 选中坐标轴标题，按 Delete 键删除它，如图 11-132 所示。

图 11-133　图表制作完成后的效果

16 图表设置完成后的效果

❶ 在"图表工具"-"格式"选项卡下，用户可以为图表设置填充颜色，制作完成的图表效果，如图 11-133 所示。

新手提问

❶ **如何隐藏功能区？**

答：按快捷键 Ctrl ＋ F1 即可隐藏功能区。

---

❷ **如何手动修复损坏的工作簿？**

答：要修复损坏的工作簿，可以单击"Office 按钮"，然后在弹出的菜单中单击"打开"命令，在"打开"对话框中，选择要打开的损坏工作簿，然后单击"打开"按钮旁的下拉按钮，在展开的列表中单击"打开并修复"选项，最后选择是"修复"或是"提取数据"。

---

❸ **如何将图表另存为模板？**

答：单击要另存为模板的图表，然后在"图表工具 - 设计"选项卡上的"类型"选项组中，单击"另存为模板"按钮，在"保存图表模板"对话框中确保"图表"文件夹已选中，在"文件名"文本框中输入适当的图表模板名称，最后单击"保存"按钮。

---

❹ **如何显示界面中隐藏的列？**

答：用户在操作时，可能由于误拖动而使得某列或某几列被隐藏起来，此时即使再拖动也不能将列显示出来了。要显示隐藏列，可从隐藏列的左侧开始选择，直到把右侧的列一起选上，然后右击鼠标，在弹出的快捷菜单中单击"取消隐藏"即可。

---

❺ **如何输入以 0 开头的数字？**

答：将单元格的格式更改为文本，即可以输入以 0 开头的数字。

---

❻ **如何删除 Excel 中的网格线？**

答：切换到"视图"选项卡，取消勾选"显示 / 隐藏"选项组中的"网格线"复选框，即可删除网格线。

---

❼ **在 Excel 中出现"＃ DIV/0 ！"错误信息？**

答：若输入的公式中的除数为 0，或在公式中除数使用了空白单元格（当运算对象是空白单元格，Excel 将此空值默认为零），或包含零值单元格引用，都会出现错误信息"#DIV/0！"。只要修改单元格的引用，或者在用作除数的单元格中输入不为零的值即可解决问题。

---

❽ 在 Excel 中出现"＃VALUE！"错误信息？

答：此情况可能有以下四个方面的原因之一造成：一是参数使用不正确；二是运算符使用不正确；三是执行"自动更正"命令时不能更正错误；四是当在需要输入数字或逻辑值时输入了文本，由于 Excel 不能将文本转换为正确的数据类型，所以才会出现该提示。这时应确认公式或函数所需的运算符或参数是否正确，并且在公式引用的单元格中包含有效的数值。

Lesson

幻灯片 PowerPoint

12

本课建议学习时间

本课学习时间为 50 分钟，其中建议分配 30 分钟学习制作幻灯片的操作方法，分配 20 分钟观看视频教学并进行练习。

▶ PowerPoint 操作界面

学完本课后您将可以

▶ 掌握幻灯片主题背景的设置方法

▶ 掌握在幻灯片中插入图片和绘制形状操作

▶ 掌握对幻灯片母版的使用 重点

▶ 掌握为对象添加动画效果 重点

▶ 设置幻灯片主题背景

▶ 使用幻灯片母版

主要知识点视频链接

12.1 PowerPoint 操作界面

PowerPoint 2007 也是一个直接面向结果化的操作界面，如图 12-1 所示。

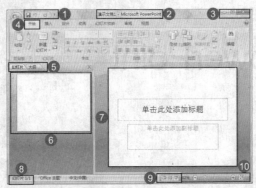

图 12-1 PowerPoint 操作界面

❶ 自定义快速访问工具栏：在该工具栏中集成了多个常用的按钮，默认状态下集成了"保存"、"撤销键入"按钮。用户也可以自定义将常用按钮添加到快速访问工具栏。

❷ 标题栏：显示 PowerPoint 标题。

❸ 窗口控制按钮：使窗口最大化、最小化以及关闭的控制按钮。

❹ 标签：在标签中集成了 PowerPoint 的功能区。

❺ 缩略图选项卡：分"幻灯片"选项卡和"大纲"选项卡两种。

❻ 缩略图：缩小显示幻灯片的内容。

❼ 幻灯片浏览区：用于浏览幻灯片。

❽ 状态栏：用于显示当前演示文稿的信息。

❾ 视图按钮：单击其中某一按钮即可切换至所需的视图页面下。

❿ 显示比例：通过拖动中间的缩放滑块来选择工作区的显示比例。

12.2 PowerPoint 基础制作

本节主要学习一些关于 PowerPoint 幻灯片的基础操作，包括设置幻灯片的主题背景、编辑幻灯片中的文字、在幻灯片中插入形状和在幻灯片中插入图片。

12.2.1 设置幻灯片主题背景

给幻灯片添加上主题和背景，可以使幻灯片的表现效果更加强烈和专业，如图 12-2、图 12-3 所示。

图 12-2 "主题"选项组

图 12-3 "背景"选项组

❶ 主题样式库：单击"主题"选项组下拉按钮可展开主题样式库。用户可选择为幻灯片应用不同的主题。

❷ 主题颜色：主题颜色的设置。单击该按钮可在多种主题颜色中进行选择。

❸ 主题字体：主题字体的设置。单击该按钮可在多种主题字体中进行选择。

❹ 背景样式：可以为幻灯片添加颜色或图片作为背景。

❺ 隐藏背景图形：勾选该复选框，可以隐藏主题中的形状。

图 12-4　设置幻灯片主题

设置幻灯片主题

❶ 打开演示文稿。

❷ 切换到"设计"选项卡。

❸ 单击"主题"选项组的下拉按钮，在展开的主题样式库中选择"凸显"样式，如图 12-4 所示。

图 12-5　设置主题颜色

设置主题颜色

❶ 单击"主题"选项组中的"颜色"下拉按钮。

❷ 在展开的列表中单击"穿越"选项，如图 12-5 所示。

图 12-6　设置主题字体

设置主题字体

❶ 单击"主题"选项组中"字体"下拉按钮。

❷ 在展开的列表中单击"暗香扑面"选项，如图 12-6 所示。

Lesson 11　Lesson 12　Lesson 13　Lesson 14　Lesson 15

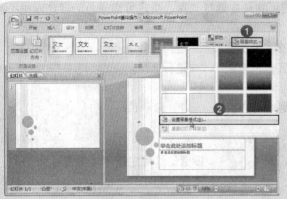

图 12-7　设置背景样式

图 12-8　设置背景渐变填充

图 12-9　显示幻灯片的背景效果

4 设置背景样式

❶ 单击"背景"选项组中的"背景样式"下拉按钮。

❷ 在展开的背景样式库中单击"设置背景格式"选项，如图 12-7 所示。

5 设置背景渐变填充

❶ 弹出"设置背景格式"对话框，单击"填充"选项。

❷ 在"填充"选项卡下单击"渐变填充"单选按钮，然后设置"渐变光圈"的颜色和结束位置。

❸ 设置完成后，单击"全部应用"按钮即可将设置应用于所有的幻灯片中，如图 12-8 所示。

高手点拨

用户可选择用颜色或图片作为幻灯片的背景。设置完成后，直接单击"关闭"按钮，则所设置的背景样式仅应用于当前选定的幻灯片。

6 显示幻灯片背景的效果

❶ 幻灯片背景样式设置完成后的效果如图 12-9 所示。

图 12-10 单击标题占位符

7 单击标题占位符

❶ 要编辑幻灯片的标题，请单击标题占位符，如图 12-10 所示。

图 12-11 输入标题

8 输入标题

❶ 在标题占位符中输入幻灯片的标题，如图 12-11 所示。

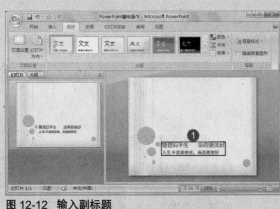

图 12-12 输入副标题

9 输入副标题

❶ 用同样的方法单击副标题占位符，然后在其中输入幻灯片的副标题，如图 12-12 所示。

12.2.2 新建幻灯片

通常打开演示文稿时，系统只提供一张默认的标题幻灯片，用户还需根据需要添加新的幻灯片。

图 12-13　选择新建幻灯片类型

选择新建幻灯片类型

1. 切换到"开始"选项卡。
2. 单击"幻灯片"选项组中的"新建幻灯片"下拉按钮。
3. 在展开的幻灯片样式库中选择新建幻灯片的样式，这里选择"标题和内容"幻灯片，如图 12-13 所示。

图 12-14　新建幻灯片

新建幻灯片

1. 新创建的标题和内容幻灯片，如图 12-14 所示。

TIPS

高手点拨

用户也可以直接单击左侧的幻灯片缩略图，然后按 Enter 键，也可创建一张新幻灯片。

12.2.3　在幻灯片中编辑文字

PowerPoint 的制作中也涉及到了对文字的操作，在幻灯片中编辑文字包括设置文字的格式、为文本添加项目符号和编号得。

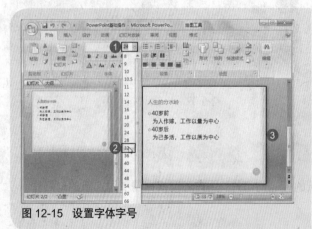

图 12-15　设置字体字号

设置字体字号

1. 在新建的幻灯片上输入标题和内容文本。
2. 选中内容文本，再单击"字体"选项组中的"字号"下拉按钮。
3. 在展开的列表中单击"32"选项，如图 12-15 所示。

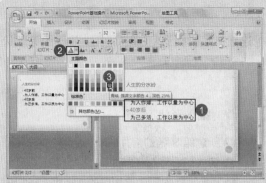

图 12-16　设置字体颜色

2 设置字体颜色

1️⃣ 选中需要添加有项目符号的文本。选中不连续的文本时，请按住 Ctrl 键，然后依次选中。

2️⃣ 在"字体"选项组中单击"字体颜色"下拉按钮。

3️⃣ 在展开的列表中单击选择一种颜色，如图 12-16 所示。

图 12-17　加粗文本

3 加粗文本

1️⃣ 选中标题文本。

2️⃣ 在出现的浮动工具栏中单击"加粗"按钮，如图 12-17 所示。

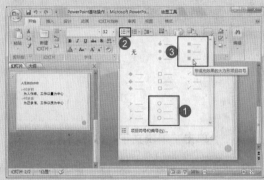

图 12-18　更改项目符号

4 更改项目符号

1️⃣ 选中添加有项目符号的文本。

2️⃣ 单击"段落"选项组中的"项目符号"按钮。

3️⃣ 在展开的列表中单击"带填充效果的大方形项目符号"选项，如图 12-18 所示。

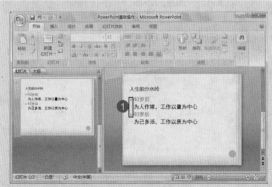

图 12-19　显示项目符号更改后的效果

5 显示项目符号更改后的效果

1️⃣ 项目符号更改后的效果，如图 12-19 所示。

Lesson 11　Lesson 12　Lesson 13　Lesson 14　Lesson 15

12.2.4 在幻灯片中绘制形状

PowerPoint 2007 中形状的种类有很多，包括线条、连接符、基本形状、箭头总汇、流程图等形状。用户可根据自己的需要选择绘制不同的形状。

图 12-20 插入形状

1 插入形状

❶ 新建第 3 张幻灯片。

❷ 切换到"插入"选项卡。

❸ 单击"插图"选项组中的"形状"按钮。

❹ 在展开的列表中单击"椭圆"选项，如图 12-20 所示。

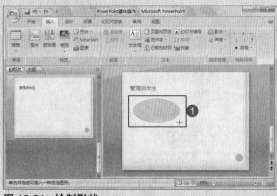

图 12-21 绘制形状

2 绘制形状

❶ 在幻灯片中按下鼠标左键，拖动绘制出形状，如图 12-21 所示。

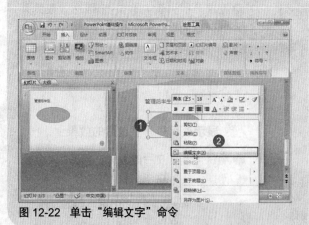

图 12-22 单击"编辑文字"命令

3 单击"编辑文字"命令

❶ 选中椭圆形状，然后右击鼠标。

❷ 在弹出的快捷菜单中单击"编辑文字"命令，如图 12-22 所示。

图 12-23 编辑文字

4 编辑文字

❶ 在光标插入点处输入文字，然后设置文字的格式，如图 12-23 所示。

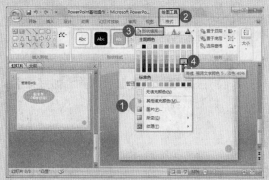

图 12-24 更改形状的填充颜色

5 更改形状的填充颜色

❶ 选中形状。

❷ 切换到"绘图工具"-"格式"选项卡。

❸ 单击"形状样式"选项组中的"形状填充"下拉按钮。

❹ 在展开的列表中单击选择一种填充颜色，如图 12-24 所示。

图 12-25 取消形状轮廓

6 取消形状轮廓

❶ 单击"形状样式"选项组中的"形状轮廓"下拉按钮。

❷ 在展开的列表中单击"无轮廓"选项，如图 12-25 所示。

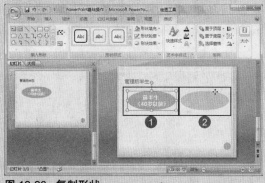

图 12-26 复制形状

7 复制形状

❶ 选中形状。

❷ 按住 Ctrl 键，拖动复制形状，如图 12-26 所示。

Lesson 11　Lesson 12　Lesson 13　Lesson 14　Lesson 15

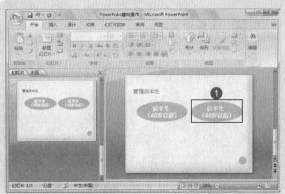

图 12-27　更改形状中的文字

8 更改形状中的文字

❶ 拖动到合适位置后释放鼠标左键，即插入了一个复制好的形状。复制完成后，更改形状中的文字，如图 12-27 所示。

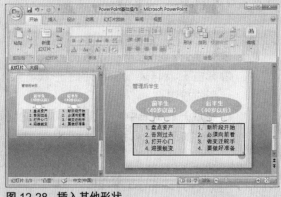

图 12-28　插入其他形状

9 插入其他形状

❶ 为了完成本张幻灯片，按照前面介绍的方法再插入矩形形状，并添加好文字，如图 12-28 所示。

12.2.5　在幻灯片中插入图片

用户可以在幻灯片中插入图片，使幻灯片更加美观。

图 12-29　单击"图片"按钮

1 打开"插入图片"对话框

❶ 切换到第 1 张幻灯片。
❷ 切换到"插入"选项卡。
❸ 单击"插图"选项组中的"图片"按钮，如图 12-29 所示。

图 12-30 选择图片

选择图片

❶ 弹出"插入图片"对话框，选择图片的保存路径。

❷ 单击选中一张图片。

❸ 单击"插入"按钮，如图 12-30 所示。

图 12-31 显示图片插入后的效果

显示图片插入后的效果

❶ 图片插入到幻灯片后，调整图片的大小和位置，完成后的效果如图 12-31 所示。

动手练一练 ｜ 使用图片占位符插入图片

插入图片不仅可以使用"插入"选项卡下的"图片"按钮，还可使用图片占位符。

图 12-32 使用图片占位符插入图片的最终效果

本节为一个使用内容占位符中的图片按钮插入图片的练习，如图 12-32 所示。通过扩展插入图片的方法，结合前面介绍的插入图片的介绍，使用户进一步掌握插图的操作。

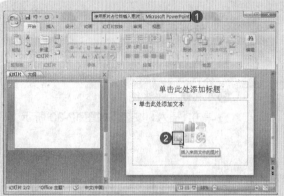

图 12-33　单击"插入来自文件的图片"按钮

打开"插入图片"对话框

1. 打开演示文稿。切换到第 2 张标题和内容幻灯片。
2. 单击内容占位符中的"插入来自文件的图片"按钮，如图 12-33 所示。

图 12-34　选择图片

选择图片

1. 弹出"插入图片"对话框，选择图片的保存路径。
2. 单击选择一张需要插入的图片。
3. 单击"插入"按钮插入图片，如图 12-34 所示。

图 12-35　显示图片插入后的效果

显示图片插入后的效果

1. 插入的图片取代了原来的内容占位符，效果如图 12-35 所示。

12.3　PowerPoint 高级应用

PowerPoint 的高级应用主要是区别于简单基础操作而言的。本节将介绍使用幻灯片母版和为对象添加动画效果和方法。

12.3.1 使用幻灯片母版

母版是用来控制整个幻灯片统一样式的一种工具，它可以定义演示文稿中所有幻灯片的外观。幻灯片母版是演示文稿中最基本的母版，任何对幻灯片母版的操作都将被应用于所有子幻灯片中。

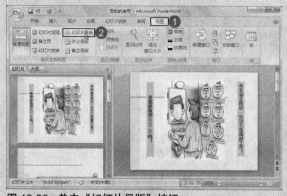
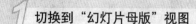

图 12-36　单击"幻灯片母版"按钮

切换到"幻灯片母版"视图

❶ 打开演示文稿，切换到"视图"选项卡。
❷ 单击"演示文稿视图"选项组中的"幻灯片母版"按钮，如图 12-36 所示。

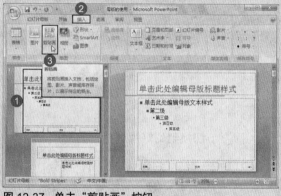

图 12-37　单击"剪贴画"按钮

打开"剪贴画"任务窗格

❶ 在幻灯片母版视图中单击幻灯片母版缩略图。
❷ 切换到"插入"选项卡。
❸ 单击"插图"选项组中的"剪贴画"按钮，如图 12-37 所示。

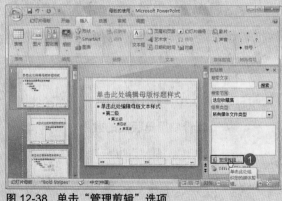

图 12-38　单击"管理剪辑"选项

打开"剪辑管理器"窗口

❶ 在"剪贴画"任务窗格中单击"管理剪辑"选项，如图 12-38 所示。

Lesson 11
Lesson 12
Lesson 13
Lesson 14
Lesson 15

图 12-39 选择需要插入的剪贴画

图 12-40 拖动剪贴画

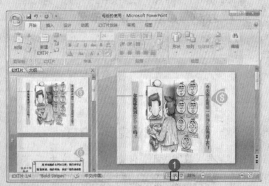

图 12-41 单击"幻灯片浏览"视图按钮

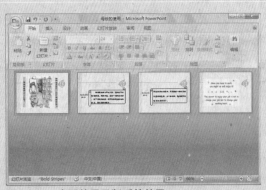

图 12-42 查看使用母版后的效果

4 选择需要插入的剪贴画

❶ 在"剪辑管理器"窗口中的"收藏集列表"列表框中展开"Office 收藏集"文件夹，然后单击"符号"文件夹。

❷ 在右侧的符号剪贴画列表中选择一张剪贴画，如图 12-39 所示。

5 拖动剪贴画

❶ 单击选中剪贴画，然后按住鼠标左键将它拖动到幻灯片母版上，然后调整它的位置和大小，如图 12-40 所示。

6 切换到幻灯片浏览视图

❶ 在"幻灯片母版"视图中单击"关闭"选项组中的"关闭母版视图"按钮，关闭母版视图返回普通视图中。单击视图按钮中的"幻灯片浏览"视图按钮，如图 12-41 所示。

7 查看使用母版后的效果

❶ 在幻灯片浏览视图中可以看到所有的幻灯片都应用了插入的剪贴画，效果如图 12-42 所示。

高手点拨

在母版中插入的任何形状、图片、剪贴画等元素都将被应用于所有的幻灯片中。

动手练一练 | 使用母版制作幻灯片导航

母版在 PowerPoint 中的应用是一个很重要的内容。使用母版可以统一整个幻灯片的效果。因此在母版中插入形状作为导航，则导航按钮将出现于每张幻灯片中，从而真正起到导航的作用。

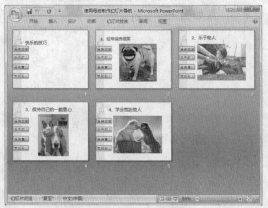

图 12-43 为幻灯片添加导航后的效果

本节为一个幻灯片导航的制作，如图 12-43 所示。通过练习在幻灯片母版中插入形状，再结合新添加的插入超链接的使用方法，让用户学会为幻灯片添加导航。

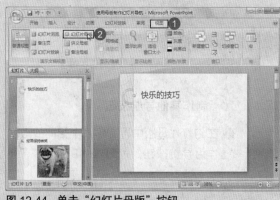

图 12-44 单击"幻灯片母版"按钮

1 切换到幻灯片母版视图

❶ 打开演示文稿，切换到"视图"选项卡。
❷ 单击"演示文稿视图"选项组中的"幻灯片母版"按钮，如图 12-44 所示。

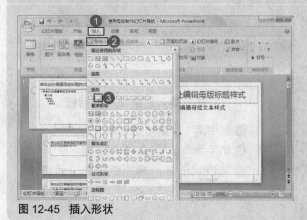

图 12-45 插入形状

2 插入形状

❶ 单击幻灯片母版缩略图，选中幻灯片母版，切换到"插入"选项卡。
❷ 单击"插图"选项组中的"形状"下拉按钮。
❸ 在展开的列表中单击"圆角矩形"选项，如图 12-45 所示。

Lesson 11　Lesson 12　Lesson 13　Lesson 14　Lesson 15

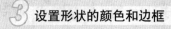

图 12-46　设置形状的颜色和边框

3 设置形状的颜色和边框

❶ 在幻灯片母版中绘制形状。

❷ 在"绘图工具"-"格式"选项卡下设置形状的颜色和边框，设置完成后的效果如图 12-46 所示。

图 12-47　输入文字

4 输入文字

❶ 在形状中输入文字，并设置文字的格式，完成后的效果如图 12-47 所示。

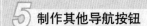

图 12-48　制作其他导航按钮

5 制作其他导航按钮

❶ 在幻灯片母版中再制作几个相同的形状作为导航按钮，如图 12-48 所示。

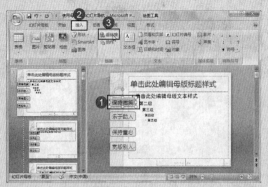

图 12-49　单击"超链接"按钮

6 打开"插入超链接"对话框

❶ 选中第 1 个圆角矩形中的文字。

❷ 切换到"插入"选项卡。

❸ 单击"链接"选项组中的"超链接"按钮，如图 12-49 所示。

图 12-50 设置超链接

7 设置超链接

1. 弹出"插入超链接"对话框, 单击左侧的"本文档中的位置"选项。
2. 单击"请选择文档中的位置"列表框中的第 2 个幻灯片标题。
3. 单击"确定"按钮, 如图 12-50 所示。

图 12-51 显示文本添加超链接后的效果

8 显示文本添加超链接后的效果

1. 文本添加上超链接后的效果, 如图 12-51 所示。

图 12-52 为其他按钮添加超链接

9 为其他按钮添加超链接

1. 为幻灯片母版中的其他导航按钮中的文字也添加上超链接, 完成后的效果如图 12-52 所示。

图 12-53 单击"从头开始"按钮

10 单击"从头开始"按钮

1. 关闭母版视图, 返回普通视图。切换到"幻灯片放映"选项卡。
2. 单击"开始放映幻灯片"选项组中的"从头开始"按钮, 如图 12-53 所示。

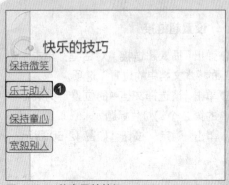

图 12-54　单击导航按钮

图 12-55　链接到指定幻灯片

11 单击导航按钮

❶ 切换到幻灯片放映视图，单击其中的任意一个导航超链接，如图 12-54 所示。

12 链接到指定幻灯片

❶ 单击超链接后，幻灯片即被链接到指定幻灯片页面中，如图 12-55 所示。

12.3.2　增加文稿的动画效果

为了使演示文稿更加生动，用户可以为演示文稿添加动画效果。PowerPoint 2007 为用户提供了多种动画方案，包括为文稿设置进入、退出效果强调效果或者设置动作的路径等。本节就来学习为文稿添加动画效果的方法。

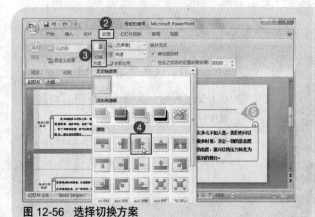

图 12-56　选择切换方案

1 为幻灯片设置切换方案

❶ 打开演示文稿，切换到第 2 张幻灯片。

❷ 切换到"动画"选项卡。

❸ 单击"切换到此幻灯片"选项组中的"切换方案"按钮。

❹ 在展开的切换方案库中选择"向右擦除"样式，如图 12-56 所示。

图 12-57　设置切换声音

2 设置切换声音

❶ 单击"切换到此幻灯片"选项组中的"切换声音"下拉按钮。

❷ 在展开的列表中单击"风铃"选项，如图 12-57 所示。

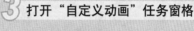

图 12-58　单击"自定义动画"任务窗格

3 打开"自定义动画"任务窗格

❶ 单击"动画"选项组中的"自定义动画"按钮，如图 12-58 所示。

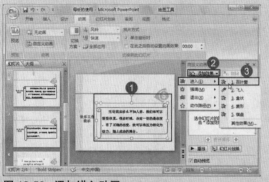

图 12-59　添加进入动画

4 添加进入动画

❶ 选中幻灯片中的形状。

❷ 单击"自定义动画"任务窗格中的"添加效果"按钮。

❸ 在展开的列表中单击"进入 > 百叶窗"选项，如图 12-59 所示。

图 12-60　显示为形状添加动画后的效果

5 显示形状添加动画后效果

❶ 形状添加动画后的效果如图 12-60 所示。

T!PS

高手点拨

在右侧的"自定义动画"任务窗格中，用户还可对动画的操作进行具体设置。

281

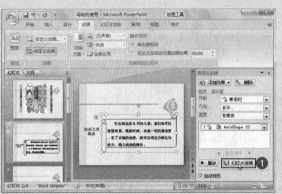

图 12-61　单击"幻灯片放映"按钮

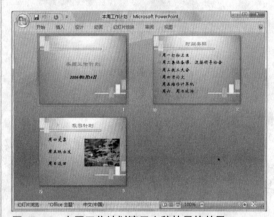

图 12-62　本周工作计划演示文稿的最终效果

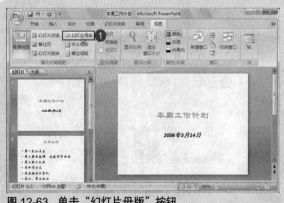

图 12-63　单击"幻灯片母版"按钮

⑥ 单击"幻灯片放映"按钮

❶ 要在幻灯片放映视图中观看动画的播放效果，可以单击任务窗格中的"幻灯片放映"按钮，如图 12-61 所示。

PRACTICE

12.4　知识点综合运用——制作本周工作计划

在使用 PowerPoint 制作本周工作计划的时候，需要使用到编辑文字、插入图片、使用母版等操作。接下来就详细介绍制作本周工作计划样式文稿的方法。

本节为一个本周工作计划演示文稿的制作，如图 12-62 所示。通过将前面学到的知识点综合应用，让用户进一步掌握本章的知识。

① 切换到幻灯片母版视图

❶ 打开演示文稿，切换到"视图"选项卡，单击"演示文稿视图"选项组中的"幻灯片母版"按钮，如图 12-63 所示。

图 12-64 插入形状

插入形状

❶ 在幻灯片母版视图中单击幻灯片母版缩略图, 选中幻灯片母版, 然后切换到"插入"选项卡。

❷ 单击"插图"选项组中的"形状"下拉按钮。

❸ 在展开的列表中单击"矩形"图标, 如图 12-64 所示。

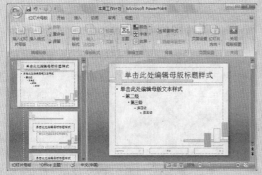

图 12-65 绘制形状以及设置形状的格式

绘制形状以及设置形状的格式

❶ 在幻灯片母版中绘制形状, 然后设置形状的颜色和边框, 设置完成后的效果如图 12-65 所示。

图 12-66 设置背景样式

设置背景样式

❶ 关闭幻灯片母版视图后, 切换到"设计"选项卡。

❷ 单击"背景"选项组中的"背景样式"按钮。

❸ 在展开的背景样式库中选择"样式 5"样式, 如图 12-66 所示。

高手点拨

如果在选中的背景样式上右击鼠标, 还可选择将该背景样式应用的范围, 例如只用于选定幻灯片。

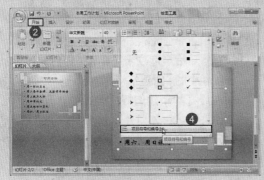

图 12-67 更改项目符号

更改项目符号

❶ 切换到第 2 张幻灯片, 选中其中的内容文本。

❷ 切换到"开始"选项卡。

❸ 单击"段落"选项组中的"项目符号"按钮。

❹ 在展开的列表中单击"项目符号和编号"选项, 如图 12-67 所示。

Lesson 11 Lesson 12 Lesson 13 Lesson 14 Lesson 15

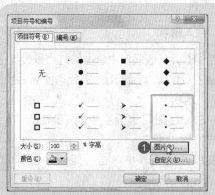

图 12-68　单击"图片"按钮

6 打开"项目符号和编号"对话框

❶ 在"项目符号"选项卡下单击"图片"按钮，如图 12-68 所示。

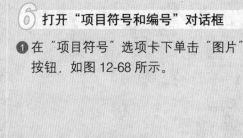

图 12-69　选择图片项目符号

7 选择图片项目符号

❶ 在弹出的"图片项目符号"对话框中单击选择需要插入的项目符号。

❷ 单击"确定"按钮，如图 12-69 所示。

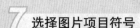

高手点拨

单击"导入"按钮则可以从本地计算机上导入图片作为项目符号。

图 12-70　显示项目符号更改后的效果

8 显示项目符号更改后的效果

❶ 为文本重新设置图片项目符号后的效果，如图 12-70 所示。

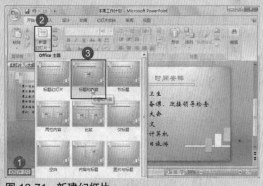

图 12-71　新建幻灯片

9 新建幻灯片

❶ 选中第 2 张幻灯片。

❷ 在"开始"选项卡下单击"幻灯片"选项组中的"新建幻灯片"按钮。

❸ 在展开的新建幻灯片样式库中选择"标题和内容"幻灯片样式，如图 12-71 所示。

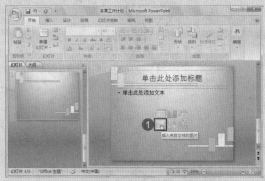

图 12-72 单击"插入来自文件的图片"按钮

10 打开"插入图片"对话框

① 在新创建的幻灯片中单击内容占位符中的"插入来自文件的图片"按钮，如图 12-72 所示。

图 12-73 选择图片

11 选择图片

① 在弹出的"插入图片"对话框中选择图片的保存路径。
② 单击选择需要插入的图片。
③ 单击"插入"按钮，如图 12-73 所示。

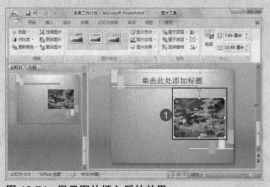

图 12-74 显示图片插入后的效果

12 显示图片插入后的效果

① 插入图片后，调整图片的大小和位置，完成后的效果如图 12-74 所示。

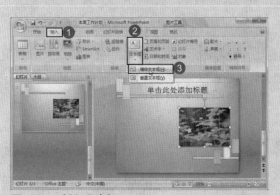

图 12-75 插入文本框

13 插入文本框

① 切换到"插入"选项卡。
② 单击"文本"选项组中的"文本框"下拉按钮。
③ 在展开的列表中单击"横排文本框"选项，如图 12-75 所示。

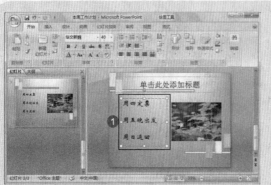

图 12-76　输入文字

14 输入文字

❶ 在文本框中输入文字，并设置字体的格式，完成后的效果如图 12-76 所示。

图 12-77　设置幻灯片切换方案

15 设置幻灯片的切换方案

❶ 选中第 3 张幻灯片。

❷ 切换到"动画"选项卡。

❸ 单击"切换到此幻灯片"选项组中的"切换方案"按钮。

❹ 在展开的方案库中选择"向下揭开"样式，如图 12-77 所示。

图 12-78　设置切换声音

16 设置切换声音

❶ 单击"切换声音"下拉按钮。

❷ 在展开的列表中单击"微风"选项，如图 12-78 所示。

图 12-79　单击"自定义动画"按钮

17 打开"自定义动画"任务窗格

❶ 单击"动画"选项组中的"自定义动画"按钮，打开"自定义动画"任务窗格，如图 12-79 所示。

图 12-80　添加动画效果

18 添加动画效果

❶ 选中文本框中的第 1 行文字。

❷ 在"自定义动画"任务窗格中单击"添加效果"按钮。

❸ 在展开的列表中单击"进入 > 飞入"选项，如图 12-80 所示。

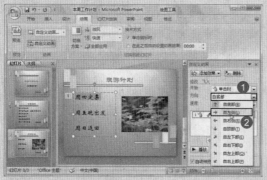

图 12-81　更改动画进入方向

19 更改动画进入方向

❶ 在"自定义动画"任务窗格中单击"方向"列表框右侧下拉按钮。

❷ 在展开的列表中单击"自左侧"选项，如图 12-81 所示。

图 12-82　单击"播放"按钮

20 单击"播放"按钮

❶ 为其他文本也添加上相同的动画效果。

❷ 如果要观看动画，可单击"播放"按钮观看，如图 12-82 所示。

图 12-83　播放动画

21 播放动画

❶ 单击"播放"按钮后，在工作区可以预览到动画的播放过程，同时在"自定义动画"任务窗格中会显示出动画的播放时间表，如图 12-83 所示。

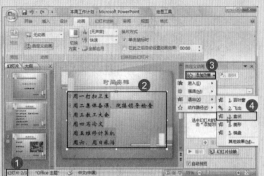

图 12-84 添加退出动画

22 添加退出动画

① 切换到第 2 张幻灯片。

② 选中其中的内容文本。

③ 单击"自定义动画"任务窗格中的"添加效果"按钮。

④ 在展开的列表中单击"退出 > 盒状"选项，如图 12-84 所示。

图 12-85 单击"效果选项"选项

23 单击"效果选项"选项

① 添加动画后，单击选中窗格中的动画名称。

② 单击右侧下拉按钮。

③ 在展开的列表中单击"效果选项"选项，如图 12-85 所示。

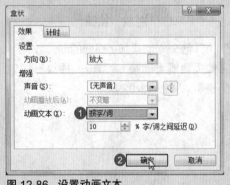

图 12-86 设置动画文本

24 设置动画文本

① 在弹出的"盒状"对话框的"效果"选项卡下设置"动画文本"为"按字/词"。

② 设置完毕后，单击"确定"按钮，如图 12-86 所示。

新手提问

① 用户可以自定义主题颜色吗？

答：可以的。在"设计"选项卡下单击"主题"选项组中的"颜色"下拉按钮，在展开的列表中单击"新建主题颜色"选项，即可在打开的"新建主题颜色"对话框中自定义主题颜色。

❷ SmartArt 图形有什么用？

答：SmartArt 图形是信息的视觉表示形式，用户可以从多种不同的布局中进行选择，从而快速轻松地创建所需的形式，以便有效传达观点或信息。在制作结构图或流程图等较为规整的图形时，SmartArt 图形能达到意想不到的效果。

❸ 如何将演示文稿保存为模板，以供下次使用？

答：单击"Office 按钮"，然后在弹出的菜单中单击"另存为"命令，在弹出的"另存为"对话框中单击"保存类型"列表框下拉按钮，在展开的列表中单击"PowerPoint 模板"选项，最后单击"保存"按钮。

❹ 如何隐藏不需要放映的幻灯片？

答：要隐藏幻灯片，可右击需要隐藏的幻灯片，然后在弹出的快捷菜单中单击"隐藏幻灯片"命令；或者可在"幻灯片放映"选项卡下单击"设置"选项组中的"隐藏幻灯片"按钮。

❺ 可以向演示文稿中添加声音文件吗？

答：可以。单击"插入"选项卡下"媒体剪辑"选项组中的"声音"按钮，可选择向演示文稿中插入各种类型的声音。PowerPoint 2007 允许用户插入文件中、剪辑管理器中的声音以及 CD 乐曲，甚至还可以自定义录制声音。

❻ 如何将剪辑复制到其他收藏集？

答：先选择需要复制的剪辑，然后在"编辑"选项组中，单击"复制到收藏集"命令，接着在"复制到收藏集"对话框中选择要向其中复制剪辑的收藏集，最后单击"确定"按钮。

❼ 在演示过程中可以在幻灯片中书写做记号吗？

答：可以。在放映演示文稿时，用户是可以在幻灯片中绘制圆圈、下划线、箭头或其他标记的。方法是在幻灯片放映视图中，右击要在上面书写的幻灯片，再指向"指针选项"，然后单击某个绘图笔或荧光笔选项，接着按住鼠标左键拖动，即可在幻灯片中书写或绘图。

❽ 如何向幻灯片中添加编号以及日期和时间？

答：要向幻灯片中添加编号或日期和时间，可以在"插入"选项卡下单击"文本"选项组中的"幻灯片编号"或"日期和时间"按钮。

Lesson

连接 Internet

13

本课建议学习时间

　　本课学习时间为 60 分钟，其中建议分配 45 分钟学习 Internet 的基本知识、连接 Internet 的硬件设备和连接 Internet 的方法，分配 15 分钟观看视频教学并进行练习。

学完本课后您将可以

- 了解 Internet 的基本知识
- 掌握连接 Internet 的硬件设备 重点
- 掌握连接 Internet 的方法 重点

▶ 建立 ADSL 虚拟拨号连接

▶ 建立普通拨号上网

▶ 输入上网相关信息及密码

主要知识点视频链接

BASIC

13.1 认识因特网

Internet（即互联网络）简单地说，就是一种连接各种电脑的网络，并且可为这些网络提供各种服务。Internet 是将以往相互独立的、散落在各地的计算机或是相对独立的计算机局域网，借助已经有相当规模的电信网络和通讯协议而实现更高层次的互联。在这个互联网络中，一些超级的服务器通过高速的主干网络（光缆，微波和卫星）相连，而一些较小规模的网络则通过众多的支干与巨型服务器连接，包括：物理连接和软件连接。所谓物理连接就是，各主机之间利用常规电话线、高速数据线、卫星、微波或光纤等各种通信手段进行连接。而软件连接也就是全球的电脑使用同一种语言进行交流，换句话说，就是使用相同的通讯协议。

BASIC

13.2 连接 Internet 的硬件设备

要将计算机连接到网络，首先需要准备必要的硬件。通过本小节的学习，用户可以了解到上网所需的相关硬件设备，并根据自己的条件，合理选择必要的网络设备，最后将计算机接入到网络。

13.2.1 网线

如果计算机与计算机之间，或者计算机与网络之间需要进行连接的话，那么就需要使用到网线。下面就对网线进行简单介绍。

图 13-1 网线

计算机之间的连接，需要使用到网线，如图 13-1 所示。而用户的个人计算机连接到 Internet 同样也需要使用到网线，只不过网线的布线方式不同而已。一般网线分两种：第一种：直通线，用于主机和交换机、集线器连接；路由器和交换机、集线器连接。第二种，交叉线，用于连接交换机与交换机；主机与主机；集线器与集线器；集线器与交换机之间的连接。

13.2.2 网卡

网卡的应用范围较广，无论使用何种方式连接 Internet 或者计算机都是要使用到网卡的，下面就对网卡进行简单介绍。

（1）10/100M 自适应网卡

插入计算机主板的 PCI 接口，另一端插入网线的水晶头。插上以后再安装相应的驱动程序，如图 13-2 所示。一般多用于普通家庭或者办公室使用。

（2）千兆网卡

插入服务器的 PCI 接口，插上后安装对应的驱动程序。作为服务器使用的产品，只有较少的家庭用户使用该网卡，如图 13-3 所示。一般为网络服务器使用。

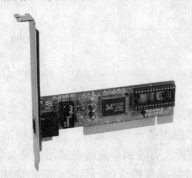

图 13-2　网卡

图 13-3　千兆网卡

（3）主板集成网卡

图 13-4　集成网卡

直接将水晶头接入主板对应的网卡接口，并安装主板驱动盘中对应的网卡驱动程序，如图 13-4 所示。一般多用于普通家庭或者办公室使用。

13.2.3　认识调制解调器

调制解调器的英文名为 Modem，在日常使用中又被称作"猫"。为了适应不同用户上网的需求，Moden 的类型也不同，以下将常见的一种 Modem 作简单介绍。

（1）56K 内置 Modem

插入用户的计算机主板 PCI 插槽中，在接口段接入电话线，并在计算机中安装相应的驱动程序，如图 13-5 所示。

（2）56K 外置 Modem

一端接入电话线接口，另一段使用网线连接到计算机网卡接口，并在计算机中安装相应的驱动程序，一般外置 Modem 需要外配电源适配器，如图 13-6 所示。

图 13-5　6K 内置 Modem

图 13-6　56K 外置 Modem

（3）ADSL 56K 外置 Modem

一端接入电话线接口，另一段使用网线连接到计算机网卡接口，并在计算机中安装相应的驱动程序，一般外置 Modem 需要外加电源，如图 13-7 所示。

图 13-7　56K 外置 Modem

13.2.4　集线器、路由器和交换机

用户若非单机上网，可能还会使用上集线器、路由器、交换机等网络设备。HUB，也就是常说的集线器，它的作用可以理解为将一些机器连接起来组成的一个局域网。而交换机的（又名交换式集线器）作用与集线器大体相同。但是两者在性能上有区别：集线器采用的是共享带宽的工作方式，而交换机是独享带宽。这样在机器很多或数据量很大时，两者的区别会比较明显。路由器与以上两者有明显区别，它的作用在于连接不同的网段并且找到网络中数据传输最合适的路径，一般情况下个人用户对它的需求不大。路由器是产生于交换机之后，就像交换机产生于集线器之后一样，所以路由器与交换机也有一定联系，并不是完全独立的两种设备。路由器主要弥补了交换机不能路由转发数据包的不足。

集线器：集线器（HUB）属于数据通信系统中的基础设备，它和双绞线等传输介质一样，是一种不需任何软件支持或只需很少管理软件管理的硬件设备。它被广泛应用到各种场合，如图 13-8 所示。

路由器的功能：1.数据通道和控制功能，数据通道功能包括转发决定、背板转发以及输出链路调度等，一般由特定的硬件来完成；2.控制一般软件来实现信息转发的功能，包括与相邻路由器之间的信息交换、系统配置、系统管理等，如图 13-9 所示。

图 13-8　集线器

图 13-9　路由器

图 13-10　交换机

交换机：交换机也叫交换式集线器，它对接收到的信息进行重新分配，并经过内部处理后转发至指定端口，具备自动寻址能力和交换作用。由于交换机根据所传递信息包的目的地址，将每一信息包独立地从源端口送至目的端口，避免了和其他端口发生冲突，如图 13-10 所示。

13.3 使用 ADSL 连接 Internet

ADSL 也就是 Asymmetric Digital Subscriber Line（非同步数字用户专线）的简称，在国内普及率较高，主要原因还是因为它比传统的拨号上网有以下优点：

1. 安装方便快捷：在普通电话线上加装 ADSL 设备，无需重新布线或改动线路，即可实现宽带上网。
2. 高速上网、带宽独享：ADSL 能在普通电话线上以很高的速率传输数据，下行最高达 8MbP，上行最高达 640kbp，速率是普通拨号方式的百倍以上。
3. 上网和打电话互不干扰：ADSL 与普通电话同由一条电话线进行承载（该电话保持原有号码不变），上网、打电话两全其美，而且 ADSL 上网不产生电话费。
4. 提供多种宽带服务：高速上网、远程教育、远程医疗、网上证券交易和咨询、VOD 视频点播、网上电视直播、在线游戏等。

13.3.1 建立 ADSL 虚拟拨号连接

用户建立 ADSL 虚拟拨号连接的具体操作步骤如下。

图 13-11 打开"控制面板"窗口

1 打开"控制面板"窗口

❶ 单击桌面上的"开始 > 控制面板"命令，如图 13-11 所示，即可打开"控制面板"窗口。

图 13-12 打开"网络和共享中心"窗口

2 打开"网络和共享中心"窗口

❶ 在打开的"控制面板"窗口中，双击"网络和共享中心"图标，如图 13-12 所示。

Lesson 11 Lesson 12 Lesson 13 Lesson 14 Lesson 15

图 13-13　打开"设置连接或网络"向导

3 打开"设置连接或网络"向导

❶ 在打开的"网络和共享中心"窗口中，单击"管理网络连接"选项，如图 13-13 所示，即可打开"设置连接或网络"向导。

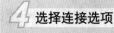

图 13-14　选择"连接到 Internet"选项

4 选择连接选项

❶ 打开"设置连接或网络"窗口后，选择"连接到 Internet"选项。

❷ 单击"下一步"按钮，如图 13-14 所示。

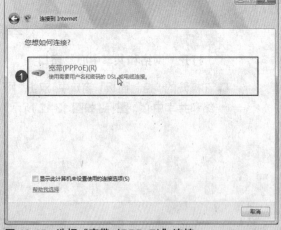

图 13-15　选择"宽带（PPPoE）"连接

5 选择"宽带（PPPoE）"连接

❶ 进入到"您想如何连接？"界面后，单击"宽带（PPPoE）（R）"选项，如图 13-15 所示。

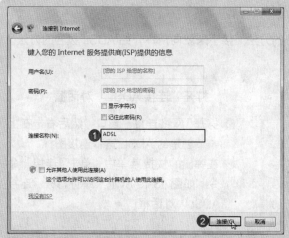

图 13-16　输入 ISP 信息

6 输入 ISP 信息

❶ 进入到"键入您的 Internet 服务提供商（ISP）提供的信息"界面后，需要输入 ISP 提供的"用户名"和"密码"，输入连接名称，例如输入"ADSL"。

❷ 单击"连接"按钮，如图 13-16 所示。

图 13-17　连接 Internet

7 连接 Internet

❶ 单击"连接"按钮后，系统就会自动连接 Internet，如图 13-17 所示。

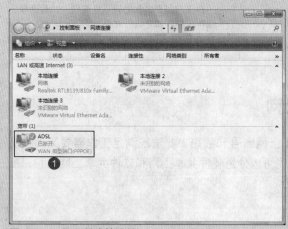

图 13-18　显示创建的连接

8 显示创建的连接

❶ 经过操作后，用户就创建了宽带连接，打开"网络连接"窗口，即可查看新建的连接，如图 13-18 所示。

Lesson 11　Lesson 12　Lesson 13　Lesson 14　Lesson 15

13.3.2 ADSL 拨号

在上一节中向用户介绍了创建 ADSL 虚拟拨号的方法，接下来就向用户介绍 ADSL 拨号的方法。

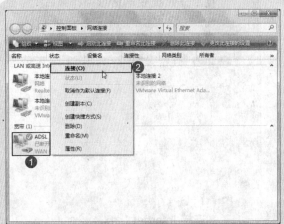

图 13-19 打开"连接 ADSL"对话框

打开"连接 ADSL"对话框

❶ 打开"网络连接"窗口，然后右击在上一节创建的 ADSL 宽带连接图标。

❷ 在弹出的快捷菜单中，单击"连接"命令，如图 13-19 所示，即可打开"连接 ADSL"对话框。

图 13-20 拨号上网

拨号上网

❶ 在弹出的"连接 ADSL"对话框中，用户在"用户名"和"密码"文本框中分别输入了相关的信息。

❷ 单击"连接"按钮，如图 13-20 所示。

高手点拨

如果用户需要保存密码，则勾选"为下面的用户保存用户名和密码"复选框，然后选择保存用户名和密码的对象。

动手练一练 | ADSL 共享上网

共享上网主要是指多台联网的计算机一起共享上网账号和线路，此法既满足工作需要又大幅度减少了上网费用。共享上网从技术实现角度来说可以分为硬件共享上网和软件共享上网两种。接下来就详细介绍使用 ADSL 共享上网的方法。

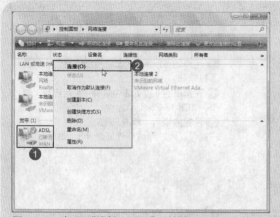

图 13-21 打开"连接 ADSL"对话框

图 13-22 打开"ADSL 属性"对话框

图 13-23 设置共享

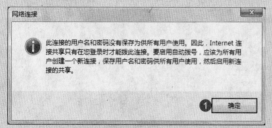

图 13-24 确定共享

打开"连接 ADSL"对话框

❶ 按照前面介绍的方法，首先打开"网络连接"窗口，然后右击 ADSL 宽带连接图标。

❷ 单击"连接"命令，如图 13-21 所示，即可打开"连接 ADSL"对话框。

打开"ADSL 属性"对话框

❶ 在弹出的"连接 ADSL"对话框中，单击"属性"按钮，如图 13-23 所示，即可打开"ADSL 属性"对话框。

设置共享

❶ 弹出"ADSL 属性"对话框，切换至"共享"选项卡下。

❷ 勾选"允许其他网络用户通过此计算机的 Internet 连接来连接"复选框，如图 13-23 所示。

确定共享

❶ 勾选"允许其他网络用户通过此计算机的 Internet 连接来连接"复选框后，系统会自动弹出"网络连接"对话框，然后单击"确定"按钮，如图 13-24 所示。

新视听课堂 电脑入门 轻松互动学

图 13-25 选择"本地连接"选项

TIPS

高手点拨

❶ 用户还可以单击"家庭网络连接"右侧的下拉按钮。

❷ 在弹出的下拉列表中选择"本地连接"选项，如图 13-25 所示。

❸ 设置完毕后，单击"确定"按钮，这样用户就可以通过局域网连接进 Internet 了。

PRACTICE

13.4 知识点综合运用——建立普通拨号上网

除使用 ADSL 上网之外，还可以使用普通拨号上网。建立普通拨号上网的具体操作步骤如下。

图 13-26 打开"控制面板"窗口

打开"控制面板"窗口

❶ 单击桌面上的"开始 > 控制面板"命令，如图 13-26 所示，即可打开"控制面板"窗口。

图 13-27 打开"网络和共享中心"窗口

打开"网络和共享中心"窗口

❶ 在"控制面板"窗口中，双击"网络和共享中心"图标，如图 13-27 所示，即可打开"网络和共享中心"窗口。

图 13-28 打开"设置连接或网络"窗口

3 打开"设置连接或网络"窗口

❶ 在打开的"网络和共享中心"窗口中，单击"设置连接或网络"选项，如图 13-28 所示，即可打开"设置连接或网络"窗口。

图 13-29 选择连接选项

4 选择连接选项

❶ 在打开的"设置连接或网络"窗口中，选择"连接到 Internet"选项。
❷ 单击"下一步"按钮，如图 13-29 所示。

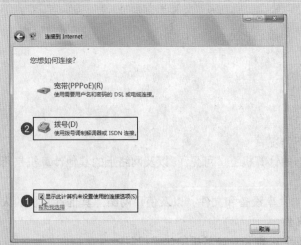

图 13-30 选择需要的连接方式

5 选择需要的连接方式

❶ 勾选"显示此计算机未设置使用的连接选项"复选框，如图 13-30 所示。
❷ 单击"拨号"选项。

Lesson 11　Lesson 12　Lesson 13　Lesson 14　Lesson 15

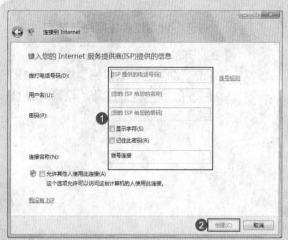

图 13-31　输入 ISP 信息

6 输入 ISP 信息

① 进入到"键入您的 Internet 服务提供商（ISP）提供的信息"界面后，用户需要输入 IPS 提供的"用户名"和"密码"，并输入连接名称，例如输入"拨号连接"。

② 单击"创建"按钮，如图 13-31 所示。

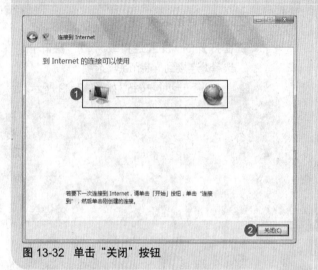

图 13-32　单击"关闭"按钮

7 系统开始连接到 Internet

① 系统开始连接到 Internet，这需要一些时间。

② 连接完毕后，单击"关闭"按钮，如图 13-32 所示。

新手提问

❶ 什么是网络发现？

答：网络发现是一种网络设置，可以用于以下情况：

（1）影响网络上的其他计算机的设备是否从您的计算机上"可见"，以及网络上的其他计算机是否可以"看到"用户的计算机。

（2）影响是否可以访问网络中其他计算机上的共享设备和文件，以及使用网络上其他计算机的人是否可以访问用户的计算机上的共享设备和文件。

（3）根据连接到的网络的位置，提供合适的安全级别和对计算机的访问权限。

❷ 什么是"局域网唤醒"功能？

答："局域网唤醒"（有时称为"远程唤醒"）是一种允许用户通过发送特定数据包（称为"幻数据

包"）来远程打开网络计算机的技术。即使该计算机已经关闭，其网络适配器也仍然在网络上进行"侦听"，因此当特定数据包到达时，网络适配器就可以打开该计算机了。

---

③ **什么是 IPv6 ？**

答：Internet 协议版本 6 (IPv6) 是一个协议集，用于通过 Internet 以及家庭和商业网络交换信息。相对于 IPv4 而言，IPv6 允许分配更多的 IP 地址。此版本的 Windows 支持 IPv6。

---

④ **是否仍然可以将 IPv4 地址与此版本的 Windows 一起使用？**

答：是的，可以。

---

⑤ **为什么某些 IPv6 地址中含有双冒号？**

答：双冒号表明已取消了仅包含零的那部分地址，从而使地址更短。

---

⑥ **怎样才能连接到 Internet ？**

答：需要 Internet 服务提供商 (ISP) 的许可和相关硬件的支持才能连接到 Internet。在 ISP 注册一个账户，就像注册电话服务或公用事业服务一样。对于宽带连接 [例如数字用户线 (DSL) 或电缆]，需要 DSL 或电缆调制解调器。当注册宽带账户时，此设备通常包括在 ISP 提供的初始硬件中。对于拨号连接，需要拨号调制解调器。许多计算机都已安装此类型的调制解调器。

---

⑦ **有哪些不同的 Internet 连接方式？**

答：(1) 无线连接、(2) 宽带连接 (PPPoE)、(3) 拨号连接。

---

⑧ **什么是代理服务器？**

答：代理服务器是在 Web 浏览器（如 Internet Explorer）和 Internet 之间起媒介作用的计算机。代理服务器通过存储经常使用的网页副本来提高 Web 性能。当浏览器请求存储在代理服务器收集(其缓存）中的网页时，网页由代理服务器提供，这比进入 Web 的速度要快。通过过滤掉某些 Web 内容和恶意软件，代理服务器还可以提高安全性，代理服务器多数由组织和公司中的网络使用。通常，从家里连接到 Internet 的用户是不使用代理服务器的。

Lesson

Internet 初体验

14

>>> 本课建议学习时间

本课学习时间为 50 分钟，其中建议分配 30 分钟学习 Internet 的知识以及使用方法，分配 20 分钟观看视频教学并进行练习。

>>> 学完本课后您将可以 >>>

➤ 掌握 IE 7 浏览器的基本使用方法

➤ 掌握收藏夹的使用 重点

➤ 掌握查看历史记录 重点

➤ 掌握浏览器选项设置及网页的保存

➤ 掌握搜索引擎的使用 重点

➤ 保存网页

➤ 更改主页

➤ 熟悉 IE 7 浏览器的基本使用

主要知识点视频链接 >>

14.1 使用 IE 7 浏览 Internet

Vista 系统使用了 IE 7 浏览网页。作为 Windows Vista 的最重要改进组件之一，IE 7.0 在功能和安全性上都有了大幅提升，对于不习惯 Firefox 的用户来说，熟悉 IE 7 的快捷设置能够大幅提高网页浏览速度，节省宝贵的时间。

14.1.1 熟悉 IE 7 浏览器的基本功能

IE7 的基本功能包括启动 IE 浏览器、输入网址、浏览网页，还包括新建浏览选项卡。

图 14-1 双击 IE 浏览器

1 双击 IE 浏览器

❶ 在桌面上双击 Internet Explorer 浏览器图标，如图 14-1 所示。

图 14-2 启动浏览器

2 启动浏览器

❶ 双击图标后，启动浏览器，默认的主页为微软的 MSN 网站，如图 14-2 所示。

图 14-3 单击文字链接

3 单击文字链接

❶ 在打开的网页上单击任意一个链接，即可浏览网页，如图 14-3 所示。

图 14-4 打开新网页

4 打开新页面

① 默认情况下，单击超链接后，在新的 IE 浏览器窗口中就打开了网页内容，如图 14-4 所示。

TIPS

高手点拨

如果用户将鼠标置于链接上，然后右击，就可选择在新选项卡中打开网页内容。

图 14-5 转至新网站

5 输入新网址，然后切换到该网站

① 在 IE 地址栏中输入新的网站地址，例如输入新浪的网址。

② 单击后面的"转到"按钮，即可转到该网站，如图 14-5 所示。

TIPS

高手点拨

输入网址后，按 Enter 键也可转到相应网站。

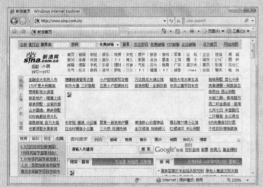

图 14-6 显示网站内容

6 显示新浪网站

① 切换后，该选项卡即显示出新浪网站的首页内容，如图 14-6 所示。

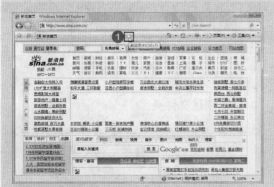

图 14-7 新建选项卡

7 新建选项卡

① 如果希望使用同一个 IE 浏览器窗口，且可以随时切换打开的网页，可单击"新选项卡"按钮，新建一个选项卡，如图 14-7 所示。

图 14-8　显示新建选项卡

8 显示新建选项卡

❶ 新建选项卡后，可以使用同一个 IE 窗口查看所有网页，如图 14-8 所示。

14.1.2　网址的收集和整理——"收藏夹"的使用

IE 中的收藏夹收藏着大量用户经常访问的网址，掌握好收藏夹的使用能更方便地管理搜集的网络信息。

图 14-9　单击"添加到收藏夹"选项

1 打开"添加收藏"对话框

❶ 单击"添加到收藏夹"按钮。
❷ 在展开的列表中单击"添加到收藏夹"选项，如图 14-9 所示。

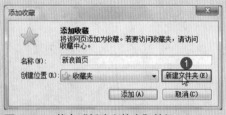

图 14-10　单击"新建文件夹"按钮

2 打开"创建文件夹"对话框

❶ 弹出"添加收藏"对话框，单击"新建文件夹"按钮，如图 14-10 所示。

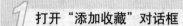
高手点拨

如果直接单击"添加"按钮，则该网页将直接被添加到收藏夹中，而不会用文件夹分类。

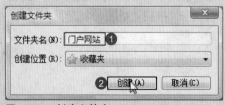

图 14-11　创建文件夹

3 创建文件夹

❶ 在弹出的对话框中的"文件夹名"文本框中输入新创建的文件夹名称，例如输入"门户网站"。
❷ 单击"创建"按钮，如图 14-11 所示。

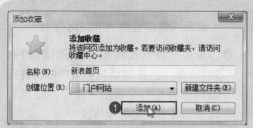

图 14-12　单击"添加"按钮

4 添加到收藏夹

❶ 单击"创建"按钮后,返回到"添加收藏"对话框,单击"添加"按钮,则将网页添加到了收藏夹的"门户网站"文件夹中,如图 14-12 所示。

图 14-13　单击"收藏中心"按钮

5 查看收藏、源和历史记录

❶ 单击"收藏中心"按钮以查看以前的收藏、源和历史记录,如图 14-13 所示。

图 14-14　查看添加的收藏

6 查看添加的收藏

❶ 打开"收藏中心"窗格,单击其中的"收藏夹"按钮。

❷ 单击"门户网站"文件夹。

❸ 在该文件夹下可以查看到刚才添加的网页收藏,单击即可转到相应网页,如图 14-14 所示。

图 14-15　单击"整理收藏夹"选项

7 打开"整理收藏夹"对话框

❶ 单击"添加到收藏夹"按钮。

❷ 在展开的列表中单击"整理收藏夹"选项,即可打开"整理收藏夹"对话框,如图 14-15 所示。

图 14-16 显示"整理收藏夹"对话框

8 显示"整理收藏夹"对话框

❶ 打开的"整理收藏夹"对话框,如图 14-16 所示。在对话框中用户可以进行新创建文件夹或移动文件夹的位置和或重命名或删除等操作。

14.1.3 查看历史记录文件

可通过 Internet Explorer 历史记录列表,查找并返回到过去访问过的 Web 站点和页面。无论是当天还是几周前的页面,历史记录列表都可以记录所访问的每个页面。

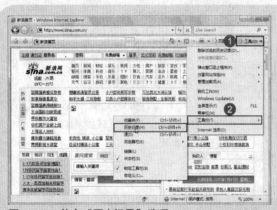

图 14-17 单击"历史记录"选项

1 查看历史记录

❶ 单击"工具"按钮。
❷ 在展开的列表中单击"工具栏 > 历史记录"选项,如图 14-17 所示。

图 14-18 显示历史记录

2 显示历史记录

❶ 单击"历史记录"选项后,即可在"收藏中心"中显示历史记录,如图 14-18 所示。

T!PS

高手点拨

单击"收藏中心"按钮,然后在窗格中单击"历史记录"按钮,也可查看到历史记录。

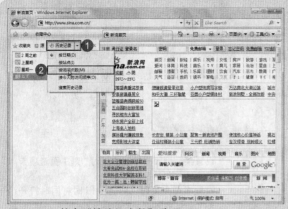

图 14-19 单击"按访问次数"选项

Lesson 11 Lesson 12 Lesson 13 **Lesson 14** Lesson 15

3 设置按访问次数显示历史记录

① 单击"历史记录"右侧下拉按钮。

② 在展开的列表中单击"按访问次数"选项，即可按用户的访问次数显示历史记录，如图 14-19 所示。

TIPS

高手点拨

用户还可以设置按站点、按今天的访问次序等多种方式查看历史记录。

14.2 浏览器选项设置

浏览器选项设置包括更改主页、配置临时文件夹、安全性设置等。

14.2.1 更改主页

主页是用户首次启动 IE 后直接访问的页面。用户可以自定义设置主页，以快速访问。

图 14-20 单击"添加或更改主页"选项

1 打开"添加或更改主页"对话框

① 单击"主页"右侧下拉按钮。

② 在展开的列表中单击"添加或更改主页"选项，如图 14-20 所示。

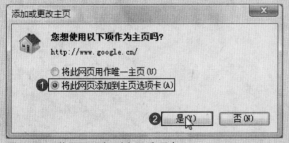

图 14-21 将网页添加到主页选项卡

2 设置将网页添加到主页选项卡

① 在弹出的"添加或更改主页"对话框中单击"将此网页添加到主页选项卡"单选按钮。

② 单击"是"按钮，如图 14-21 所示。

图 14-22　查看主页

查看主页

❶ 单击"主页"右侧下拉按钮。

❷ 在展开的主页选项卡列表中可以看到所有的主页，如图 14-22 所示。

14.2.2　配置临时文件夹

首次在 Web 浏览器中查看网页时，网页存储在临时 Internet 文件夹中。这样可以加快显示经常访问或已经查看过的网页的速度，因为 Internet Explorer 是从硬盘上而不是从 Internet 上打开这些网页。

图 14-23　单击"Internet 选项"选项

打开"Internet 选项"对话框

❶ 单击"工具"按钮。

❷ 在展开的列表中单击"Internet 选项"选项，即可打开"Internet 选项"对话框，如图 14-23 所示。

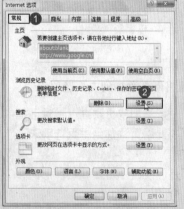

图 14-24　单击"设置"按钮

设置"游览历史记录"选项组

❶ 单击"常规"选项卡。

❷ 单击"浏览历史记录"选项组中的"设置"按钮，如图 14-24 所示。

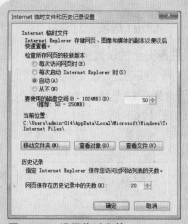

图 14-25　设置临时文件

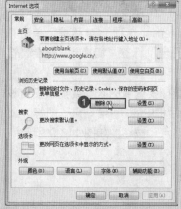

图 14-26　单击"删除"按钮

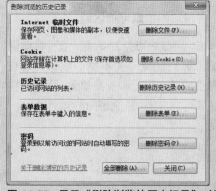

图 14-27　显示"删除浏览的历史记录"对话框

3 设置临时文件和历史记录

❶ 在弹出的对话框中可以设置临时文件的信息，同时也可以设置网页保存在历史记录中的天数，如图 14-25 所示。

4 打开"Internet 选项"对话框

❶ 在"Internet 选项"对话框中的"常规"选项卡下单击"浏览历史记录"选项组中的"删除"按钮，即可打开"删除浏览的历史记录"对话框，如图 14-26 所示。

5 显示"删除浏览的历史记录"对话框

❶ 在"删除浏览的历史记录"对话框中，用户可以设置删除 Internet 的临时文件，如图 14-27 所示。用户还可设置删除 Cookie、历史记录以及密码等文件。

Lesson 11　Lesson 12　Lesson 13　**Lesson 14**　Lesson 15

14.2.3　安全性设置

Internet Explorer 被预设置为较低的安全级别，以便用户可以在不给出提示的情况下进行下载软件等操作。当用户信任某个站点绝不会对计算机造成伤害时，才能将此站点添加到该区域中。另一方面，受限区域可对用户认为不可靠的站点设置最高的安全级别，每次访问这些站点时，Internet Explorer 就会给出提示。

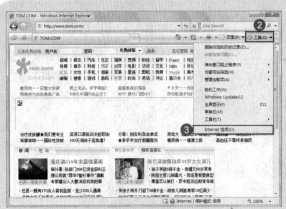

图 14-28　单击"Internet 选项"选项

1 打开"Internet 选项"对话框

❶ 打开要进行安全性设置的网站。

❷ 单击"工具"按钮。

❸ 在展开的列表中单击"Internet 选项"选项，如图 14-28 所示。

图 14-29　单击"站点"按钮

2 打开"可信站点"对话框

❶ 弹出"Internet 选项"对话框，单击其中的"安全"标签，切换到"安全"选项卡。

❷ 单击"选择要查看的区域或更改安全设置"对话框中的"可信站点"图标。

❸ 单击"站点"按钮，如图 14-29 所示。

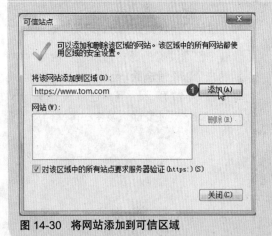

图 14-30　将网站添加到可信区域

3 将网站添加到可信区域

❶ 弹出"可信站点"对话框，在"将该网站添加到区域"文本框中默认有系统提供的站点网址，直接单击"添加"按钮即可完成添加，如图 14-30 所示。

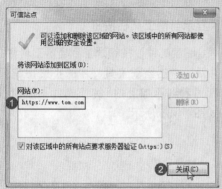

图 14-31 关闭"可信站点"对话框

4 关闭"可信站点"对话框

❶ 单击"添加"按钮后，网站即被添加到可信区域。

❷ 单击"关闭"按钮完成操作，如图 14-31 所示。

 动手练一练 | 自定义工具栏

为了更加方便地使用浏览器，可以对浏览器中的工具栏进行自定义设置。具体的方法如下。

图 14-32 单击"自定义"选项

1 打开"自定义工具栏"

❶ 启动 IE 浏览器。

❷ 单击"工具"按钮。

❸ 在展开的列表中单击"工具栏 > 自定义"选项，如图 14-32 所示。

图 14-33 将所选按钮添加到当前工具栏

2 添加当前工具栏按钮

❶ 弹出"自定义工具栏"对话框，在"可用工具栏按钮"列表框中单击"阅读邮件"选项。

❷ 单击"添加"按钮，如图 14-33 所示。

图 14-34 完成按钮的添加

3 完成当前工具栏按钮的添加

❶ 单击"添加"按钮后，"阅读邮件"工具栏按钮即被添加到了"当前工具栏按钮"列表框中。

❷ 单击"关闭"按钮完成添加，如图 14-34 所示。

图 14-35　显示当前工具栏按钮

显示当前工具栏按钮

❶ 将"阅读邮件"按钮添加到当前工具栏中后，单击当前工具栏中的扩展按钮，即可看到添加上的"阅读邮件"按钮，如图 14-35 所示。

BASIC

14.3　保存网页中的信息

将网页中的信息保存在本地，可以方便用户在任意时间查看而不受网络的限制。

14.3.1　保存网页

本节主要学习保存整个网页内容的方法。

图 14-36　单击"另存为"选项

打开"保存网页"对话框

❶ 打开需要保存的网页。

❷ 单击"页面"按钮。

❸ 在展开的列表中单击"另存为"选项，如图 14-36 所示。

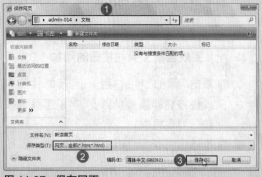

图 14-37　保存网页

保存网页

❶ 在弹出的"保存网页"对话框中的地址栏中选择网页的保存路径。

❷ 设置网页的保存类型。

❸ 单击"保存"按钮，如图 14-37 所示。

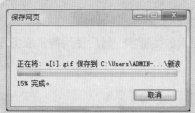

图 14-38　显示网页保存进度

3 显示网页保存进度

❶ 单击"保存"按钮后，弹出"保存网页"进度框，在此可以看到保存的完成进度，如图 14-38 所示。

14.3.2　保存网页中的图片

本节主要学习下载并保存网页中的单个图片的方法。

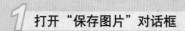

图 14-39　单击"图片另存为"命令

1 打开"保存图片"对话框

❶ 在需要保存的图片上右击鼠标，在弹出的快捷菜单中单击"图片另存为"命令，如图 14-39 所示。

图 14-40　保存图片

2 保存图片

❶ 在弹出的"保存图片"对话框中的地址栏中选择图片的保存路径。

❷ 单击"保存"按钮，如图 14-40 所示。

TiPS

高手点拨

用户也可在"文件名"文本框中重新设置图片的名称。

BASIC

14.4　搜索引擎的使用

搜索引擎是对互联网上的信息资源进行搜集整理，然后供用户查询的系统。搜索引擎是一个提供信息"检索"服务的网站，它使用某些程序把因特网上的所有信息归类以帮助人们在茫茫网海中搜寻到所需要的信息。

14.4.1 搜索网页

搜索引擎最基本的使用是对网页的搜索，用户只需输入需要搜索的关键字，然后使用搜索服务即可实现对需要内容的检索。

图 14-41　搜索网页

搜索网页

1️⃣ 打开百度搜索引擎。默认情况为搜索网页。

2️⃣ 在搜索文本框中输入需要搜索的网页内容，例如输入"火车站时刻表"。

3️⃣ 单击"百度一下"按钮，如图 14-41 所示。

图 14-42　打开搜索条目

打开搜索条目

1️⃣ 在出现的搜索结果页面中单击超链接，打开搜索条目，如图 14-42 所示。

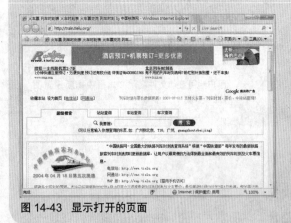

图 14-43　显示打开的页面

显示打开的页面

1️⃣ 打开页面后的效果如图 14-43 所示。在该页面中即可查看火车站的时刻表。

14.4.2 搜索图片

搜索引擎能提供的服务不仅有网页搜索，还包括图片搜索、新闻搜索、视频搜索等。本节主要来学习搜索图片。

图 14-44 搜索图片

1 搜索图片

❶ 打开百度搜索引擎。

❷ 单击其中的"图片"频道，切换到图片搜索。

❸ 在搜索文本框中输入需要搜索的内容，例如输入"可爱卡通"。

❹ 单击"百度一下"按钮，如图 14-44 所示。

图 14-45 显示图片搜索结果

2 显示图片搜索结果

❶ 单击"百度一下"按钮后，百度会新建一个窗口，在新窗口中即会显示出新搜索到的图片信息，如图 14-45 所示。

动手练一练 | 搜索资源

在前面的章节中已经向用户介绍了搜索引擎的概念，下面就向用户介绍如何通过搜索引擎来搜索所需的资源。

图 14-46 单击"高级搜索"选项

1 切换到"高级搜索"页面

❶ 打开 Google 搜索引擎。

❷ 在 Google 搜索页面单击其中的"高级搜索"选项，如图 14-46 所示。

图 14-47 设置搜索内容和文件格式

2 输入搜索内容和文件格式

❶ 在"高级搜索"页面的"包含以下全部的字词"文本框中输入需要搜索的关键字，例如输入"企业文化"。

❷ 设置"文件格式"为"PDF"格式。

❸ 单击"Google 搜索"按钮，如图 14-47所示。

图 14-48 显示搜索结果

3 显示搜索结果

❶ 进行高级搜索后，因为设置了搜索PDF 文件，因此所有显示的网页链接均为 PDF 格式，用户可以点击下载，如图 14-48 所示。这非常适用于学术性论文的搜索工作。

PRACTICE

14.5 知识点综合运用——搜索 MP3 音乐文件并下载保存

在学习完本章之后，用户应该能够熟练使用 IE 流量器进行网页的浏览以及使用搜索引擎搜索资源了。下面以搜索 MP3 音乐文件并下载保存到本地计算机为例，综合应用知识点。

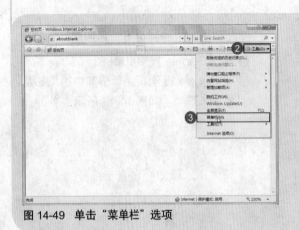

图 14-49 单击"菜单栏"选项

1 显示菜单栏

❶ 启动 IE 浏览器。

❷ 单击"工具"按钮。

❸ 在展开的列表中单击"菜单栏"选项，如图 14-49 所示。

图 14-50　转至百度网站

切换到百度网站

❶ 在浏览器的地址栏中输入百度的网址 www.baidu.com。

❷ 单击"转至'www.baidu.com'"按钮，如图 14-50 所示。

图 14-51　切换到 MP3 搜索

切换到 mp3 搜索

❶ 打开百度网站后，单击其中的"MP3"频道，切换到 MP3 搜索页面，如图 14-51 所示。

图 14-52　单击"在新选项卡中打开"选项

在新选项卡中打开链接

❶ 右击"新歌 TOP100"选项。

❷ 在弹出的快捷菜单中单击"在新选项卡中打开"选项，如图 14-52 所示。

图 14-53　单击"添加到收藏夹"选项

打开"添加收藏"对话框

❶ 显示"新歌 TOP100"页面后，单击菜单栏中的"收藏夹"标签。

❷ 在展开的列表中单击"添加到收藏夹"选项，如图 14-53 所示。

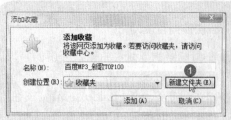

图 14-54　单击"新建文件夹"按钮

打开"创建文件夹"对话框

❶ 弹出"添加收藏"对话框,单击其中的"新建文件夹"按钮,如图 14-54 所示。

图 14-55　单击"创建"按钮

创建文件夹

❶ 弹出"创建文件夹"对话框,在"文件夹名"文本框中输入"音乐"。

❷ 单击"创建"按钮,如图 14-55 所示。

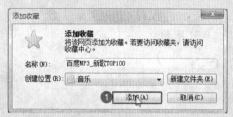

图 14-56　添加到收藏夹

添加收藏

❶ 返回"添加收藏"对话框,单击"添加"按钮,将网站添加到收藏夹中,如图 14-56 所示。

图 14-57　单击"在新选项卡中打开"命令

打开歌曲链接

❶ 选择一首歌曲的链接,例如选择"有没有人告诉你"。

❷ 右击鼠标,在弹出的快捷菜单中单击"在新选项卡中打开"命令,如图 14-57 所示。

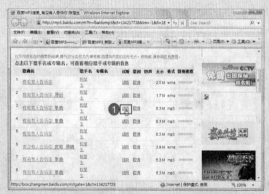

图 14-58　单击"试听"选项

打开"MP3 试听"窗口

❶ 在打开的网页中单击"试听"选项,如图 14-58 所示。

图 14-59　试听歌曲

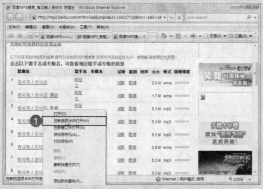

图 14-60　单击"在新选项卡中打开"命令

图 14-61　单击"目标另存为"命令

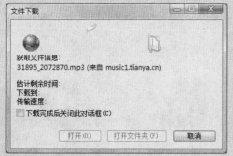

图 14-62　下载歌曲

11 试听歌曲

❶ 在"MP3 试听"窗口中可以进行歌曲试听，如图 14-59 所示。

12 打开链接

❶ 右击任意一首歌曲名，在弹出的快捷菜单中单击"在新选项卡中打开"命令，如图 14-60 所示。

13 打开"文件下载"对话框

❶ 右击"请点击此链接"后的链接，在弹出的快捷菜单中单击"目标另存为"命令，如图 14-61 所示。

14 下载歌曲

❶ 弹出"文件下载"对话框，从网站下载歌曲到本地，如图 14-62 所示。

Lesson 11　Lesson 12　Lesson 13　Lesson 14　Lesson 15

新视听课堂 电脑入门 轻松互动学

图 14-63　保存歌曲

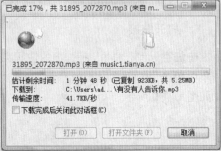

图 14-64　显示下载进度

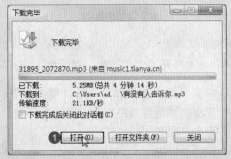

图 14-65　单击"打开"按钮

图 14-66　播放歌曲

15 保存歌曲

❶ 弹出"另存为"对话框，选择歌曲文件的保存路径。
❷ 设置歌曲的"文件名"。
❸ 单击"保存"按钮，如图 14-63 所示。

16 显示下载进度

❶ 单击"保存"按钮后，系统开始将歌曲文件下载保存到本地的目标位置，对话框中显示完成的进度，如图 14-64 所示。

17 打开播放器

❶ 下载完毕后，单击"打开"按钮，如图 14-65 所示。

18 播放歌曲

❶ 单击"打开"按钮后，弹出"Windows Media Player"播放器，播放下载歌曲，如图 14-66 所示。

❶ 可以更改浏览器中文字的大小吗？

答：可以。单击浏览器菜单栏中的"查看"标签，在展开的列表中将鼠标指向"文字大小"，然后在展开的级联列表中选择文字的大小。

❷ 如何删除历史记录？

答：在浏览器中单击"收藏中心"按钮，在打开的"收藏中心"窗格中单击"历史记录"按钮，然后将鼠标置于需要删除的历史记录上，右击鼠标，在弹出的快捷菜单中单击"删除"命令，即可删除历史记录。

❸ 如何停止信息栏阻止文件和软件下载？

答：启动 Internet Explorer 浏览器。单击"工具"按钮，然后在展开的列表中单击"Internet 选项"选项。切换至"安全"选项卡，然后单击"自定义级别"按钮。若要关闭文件下载的信息栏，请滚动到列表的"下载"部分，然后在"自动提示文件下载"下，单击"启用"；若要关闭 ActiveX 控件的信息栏，请滚动到列表的"ActiveX 控件和插件"部分，然后在"自动提示 ActiveX 控件"下，单击"启用"。设置完成后，单击"确定"按钮，单击"是"确认要进行更改，然后再次单击"确定"按钮。

❹ 什么是 Internet Explorer "外观"设置？

答：Internet Explorer 的"外观"设置，包括对颜色、字体、语言的设置以及其他一些辅助功能的设置。设置颜色主要指设置默认的文本和背景的颜色；设置字体指更改显示网页时使用的字体；设置语言指更改用于显示网页和地址栏中的语言。

❺ 如何更改 Internet Explorer 隐私设置？

答：启动 Internet Explorer。单击"工具"按钮，然后在展开的列表中单击"Internet 选项"选项。切换至"隐私"选项卡。若要选择预设置的 cookie 安全级别，请拖动滑块；若要允许或阻止来自特定网站的 cookie，请单击"站点"按钮；若要加载自定义的设置文件，请单击"导入"按钮。这些文件可修改 Internet Explorer 用来处理 cookie 的规则。由于这些文件可以覆盖默认设置，因此仅当用户知道并信任源时，才应该导入这些文件。完成隐私设置更改后，请单击"确定"按钮。

❻ 可以在 Internet Explorer 中导入或导出收藏夹吗？

答：可以。收藏夹是组织和查找经常访问的网页的便捷方式。如果在多台计算机上使用 Internet Explorer，可以保存一台计算机的收藏夹，然后将该列表导入到其他计算机。

❼ 如何重置 Internet Explorer 设置?

答：先关闭当前打开的所有 Internet Explorer 或 Windows Explorer 窗口。启动 Internet Explorer。单击"工具"按钮，然后在展开的列表中单击"Internet 选项"选项，切换至"高级"选项卡，然后单击"重置"按钮。在"重置 Internet Explorer 设置"对话框中，单击"重置"按钮。待 Internet Explorer 完成默认设置还原后，单击"关闭"按钮，然后单击"确认"按钮。完成后，关闭 Internet Explorer，所做的更改将在下次打开 Internet Explorer 时生效。

❽ 为什么我的 Internet 连接速度这么慢?

答：无论 Internet 连接速度多么快，总会有降到非常缓慢的时候。例如间谍软件、病毒和其他程序影响连接速度的外在因素。

使用的 Internet 连接类型是决定连接速度的最重要因素。从家中连接到 Internet 最常见的三种方法是拨号、DSL 和电缆。如果可以选择，电缆通常最快，但是 DSL 和电缆都比拨号快。如果使用拨号连接，可以使用较快的调制解调器。可以使用的最快的调制解调器将以每秒 56 Kbps 的速率发送和接收信息。大多数情况下将不会获得完全的 56 Kbps 的速度，但是使用好的电话线，应该至少达到 45-50 Kbps。

Lesson

体验网络生活

15

本课建议学习时间

本课学习时间为 50 分钟，其中建议分配 30 分钟学习网络知识，分配 20 分钟观看视频教学并进行练习。

学完本课后您将可以

➤ 掌握网上银行的使用方法

➤ 掌握如何通过网络购物

➤ 掌握使用网络做各种事情 重点

➤ 掌握查找校友录

➤ 掌握网上求职 重点

➤ 网上查股市行情

➤ 网上看天气预报

➤ 网上求职与招聘

 主要知识点视频链接

BASIC

15.1 网上银行与在线交易

随着互联网技术的不断渗透，以网络为代表的信息技术使传统商业银行的经营理念和经营方式受到前所未有的冲击。通过网络，人们可以足不出户获取各种信息、服务和购买所需商品。传统商务模式下的交易是通过银行的结算服务建立起来的，电子商务同样需要银行的服务来解决交易双方的身份认证和在线支付。

15.1.1 网上银行

网上银行指银行利用 Internet 技术，通过 Internet 向客户提供开户、销户、查询、对账、行内转账、跨行转帐、信贷、网上证券、投资理财等传统服务项目的平台，使客户可以足不出户就能够安全便捷地管理活期和定期存款、支票、信用卡及个人投资等。可以说，网上银行是在 Internet 上的虚拟银行柜台。

网上银行可以提高金融服务质量和降低金融服务成本，而用户也可以不受空间、时间的限制，只要一台 PC 机、一根电话线，无论在家里，还是在旅途中都可以与银行相连，享受每周 7 天、每天 24 小时不间断的服务。本节主要以招商银行为例来学习如何使用网上银行。

图 15-1　进入招行网站

1 进入招行网站

❶ 启动 IE 浏览器，在地址栏中输入招商银行的网址 www.cmbchina.com，登录到招商银行的网站，如图 15-1 所示。

图 15-2　进入个人银行

2 进入个人银行

❶ 在"网上个人银行登录"窗格中单击"个人银行大众版"选项，如图 15-2 所示。

图 15-3　输入一卡通信息

3 输入一卡通信息

❶ 在"一卡通"选项卡下选择"开户地"，并输入"卡号"、"查询密码"、"附加码"信息，输入完成后，单击"登录"按钮，登录个人银行，如图 15-3 所示。

图 15-4　使用网络银行服务

4 使用网络银行服务

❶ 登录到个人网络银行后，可以根据网页提示进行各种操作。例如单击"自助缴费"标签。

❷ 在展开的列表中单击"神州行充值"选项，如图 15-4 所示。

15.1.2　网上购物

网上购物，可以节省时间、精力，使用户坐在家里也能方便购买自己喜欢的商品。目前，网上购物已经成为年轻一代的潮流。本节以通过网络购买 Q 币为例，学习如何进行网上购物以及在线支付。

图 15-5　单击"QQ 充值"链接

1 切换到 QQ 充值中心

❶ 访问腾讯 QQ 网站。

❷ 单击"QQ 充值"链接，如图 15-5 所示。

图 15-6　单击"充 Q 币"链接

2 选择服务类型

❶ 切换到腾讯充值中心页面，单击"我要充值"选项组中的"充 Q 币"链接，如图 15-6 所示。

图 15-7　选择充值方式

3 选择充值方式

❶ 选择使用"财付通"充值。单击"马上充值"按钮，如图 15-7 所示。

图 15-8　使用"财付通"支付

4 使用"财付通"支付

❶ 在"普通用户充值"选项卡下输入需要充值的 QQ 号码以及需要充值的 Q 币数量。

❷ 单击"用财付通支付"按钮，如图 15-8 所示。

图 15-9　为账户充值

5 为账户充值

❶ 系统显示购买的 Q 币商品信息。

❷ 由于"财付通"账号的余额不足，因此先需要对账户充值，然后直接支付购买，单击"立即充值"按钮，如图 15-9 所示。

高手点拨

需要免费注册一个财付通账户，才能使用它进行网上支付。

图 15-10　选择充值银行

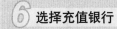**选择充值银行**

① 可以设置为财付通账户充值的金额。

② 选择充值的银行。

③ 单击"确认提交"按钮，如图 15-10
所示。

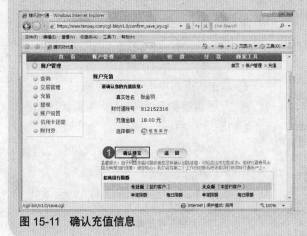

图 15-11　确认充值信息

确认充值信息

① 系统提示用户确认充值信息，确认无
误后，单击"确认提交"按钮完成充值，
如图 15-11 所示。充值完成后，用户即
可使用财付通支付获取 Q 币。

BASIC

15.2　网上生活与学习

随着科技的进步以及网络的普及，互联网已成为人们生活和学习中不可缺少的一部分。任何
传统的商业模式以及生活方式都可以搬到网上来体验一番，人们可以足不出户就享受到所有
的新闻、娱乐、生活资讯，且网络学习也成为了一种新兴的学习方式，满足人们不断获取新
信息的需求。

15.2.1　体验网上新生活

在网上可以看新闻、听音乐、读书、查看消息、行情、天气，几乎能想到的生活需求都可以在网上实现，
这就是新一代的网络生活方式。

1．网上看新闻

图 15-12　单击"新闻"频道

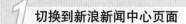
切换到新浪新闻中心页面

❶ 访问新浪网站。

❷ 单击"新闻"频道，如图 15-12 所示。

图 15-13　单击"科技"文字链接

切换到新浪科技新闻

❶ 单击"新闻中心"中的"科技"链接，即可切换到新浪科技新闻页面，如图 15-13 所示。

高手点拨

"新闻中心"对所有的新闻进行了分类，其中包括"国内"、"国际"、"社会"、"法治"、"娱乐"、"财经"等新闻内容。

图 15-14　显示新浪科技页面

显示新浪科技页面

❶ 在科技新闻页面，用户可以阅读到最新的科技新闻，包括 IT 业界、电信、互联网等方面的新闻内容，如图 15-14 所示。

2．网上读书

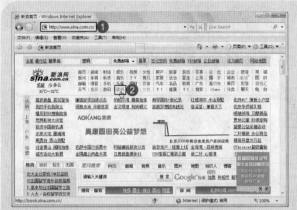

图 15-15　单击"读书"链接

切换到新浪读书频道

❶ 访问新浪网站。

❷ 单击"读书"链接，如图 15-15 所示。

图 15-16　单击需要阅读的书名链接

单击需要阅读的书名文字链接

❶ 新浪读书频道为用户提供了大量公开的阅读资料，用户可以在线阅读。

❷ 例如单击"生活"栏目中的"20 几岁，决定女人的一生"链接，如图 15-16 所示。

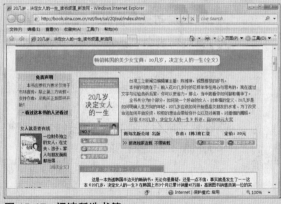

图 15-17　阅读所选书籍

阅读所选书籍

❶ 单击链接后，即跳转到该书的页面。用户可以在线阅读本书的部分内容，如图 15-17 所示。

3. 网上看天气预报

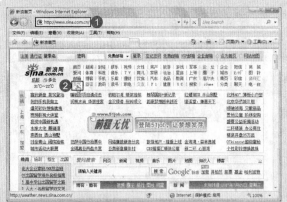

图 15-18 单击"天气"链接

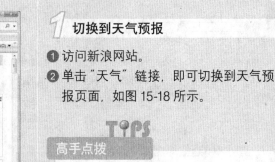

1 切换到天气预报

❶ 访问新浪网站。

❷ 单击"天气"链接，即可切换到天气预报页面，如图 15-18 所示。

T!PS

高手点拨

在新浪网的 LOGO 下面直接可以查看本地的天气。

图 15-19 显示天气预报页面

2 显示天气预报页面

❶ 新浪网站在"天气预报"中心为用户提供了详尽的气象信息，如图 15-19 所示。

高手点拨

用户可以在"搜索"文本框中搜索各城市的天气情况。

图 15-20 定制城市天气情况

3 定制城市天气情况

❶ 在"请选择定制省份"列表框中选择定制"湖南省"的天气情况。

❷ 在"请选择定制城市"列表框中选择定制"长沙"市的天气情况。

❸ 设置完成后，单击"定"按钮完成城市天气情况的定制，如图 15-20 所示。

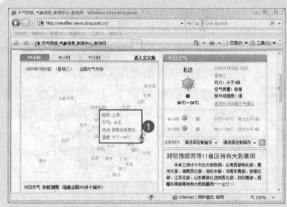

图 15-21　查询天气

４ 查询天气

❶ 在左侧的地图中，用户可以将鼠标置于城市所在位置，然后系统会提供 24 小时内的天气情况预报，如图 15-21 所示。

TIPS

高手点拨

用户可选择查询 24 小时、48 小时、72 小时内的天气情况。

 ## 动手练一练 ｜ 网上查看股市行情

用户除了可以在网络上查看新闻，还可以通过网上查看股市行情。下面就介绍网上查看股市行情的具体方法。

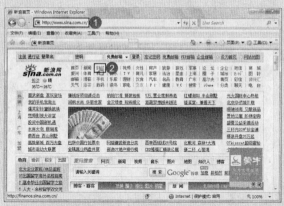

图 15-22　单击"财经"文字链接

１ 切换到财经频道

❶ 访问新浪网站。

❷ 单击"财经"频道，如图 15-22 所示。

图 15-23　输入股票代码查询股市行情

２ 输入股票代码查询股市行情

❶ 在新浪财经频道页面的"股票代码"搜索文本框中输入股票的代码，例如输入"000959"。

❷ 单击"查询"按钮查询首钢股份的股票交易情况，如图 15-23 所示。

Lesson 11　Lesson 12　Lesson 13　Lesson 14　Lesson 15

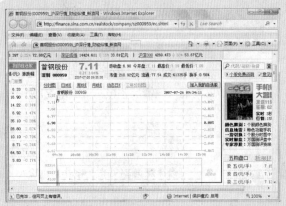

图 15-24　显示股票 K 线图走势

3 显示股票 K 线图走势

① 单击"查询"按钮后，可以查询到股票的当前交易情况从而及时对股票的分析。在 K 线图中可以实时监控到股市的走势情况，可以查看当前的开盘、收盘价格等，如图 15-24 所示。

15.2.2　校友录上找同学

为便于与以前的同学联系，许多班级、学校都会自发建立自己的校友录，以方便毕业后这个班级的所有人还能取得联系。校友录为大家提供了一个平台，所有加入的同学都可以分享大家的照片、近期情况等，是一个很好的交流平台。

图 15-25　搜索学校

1 搜索学校

① 进入 Chinaren 网站。
② 在"校友录"工具栏中单击"学校"标签，在"搜索"文本框中输入需要搜索的学校，例如输入"江油中学"。
③ 单击"搜索"按钮，如图 15-25 所示。

图 15-26　选择学校

2 选择学校

① 搜索完成后，出现江油市所有的中学名称，在这里用户可选择自己的学校，例如这里单击"江油长特第一中学"链接，如图 15-26 所示。

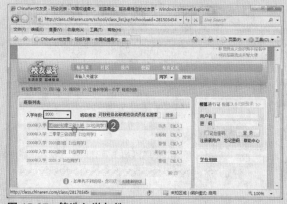

图 15-27　筛选入学年份

③ 筛选入学年份

❶ 在"班级列表"中列出了该校 34 个班级的校友录情况，设置"入学年份"为"2000"年，这时系统会筛选出 2000 年入学的班级校友录。

❷ 查找自己所在班级，然后单击所在链接，如图 15-27 所示。

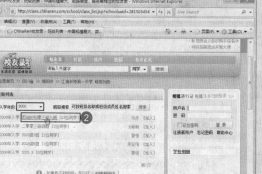

图 15-28　完成班级查找

④ 完成班级查找

❶ 查找到自己所在班级后，即可申请加入，加入前需要注册为 Chinaren 的用户，然后等待班级管理员审批通过，如图 15-28 所示。

15.3　网上求职

除了参加现场的招聘会，通过网络投递简历也是当前求职的一种重要渠道。招聘单位在网络上发布招聘信息比在现场招聘更节省人力和时间，不但大大节约了企业人力成本，且应聘者也能足不出户的将自己推荐给企业。这种三赢的方式是招聘网站、企业和应聘者都希望的结果，因此网上求职也就水到渠成的发展起来了。

15.3.1　访问招聘网站

求职者需要到一些正规的招聘网站注册简历并申请职位，以防止一些欺骗行为。本节以使用"前程无忧"网站求职为例，来学习网上求职的方法。

图 15-29 访问"前程无忧"招聘网站

① 在 IE 地址栏中输入招聘网站的网址，例如输入 www.51job.com, 即可访问到人才招聘网站，如图 15-29 所示。

TIPS

高手点拨

经常登录的招聘网站主要有前程无忧和中华英才网，用户也可访问各地人事局的网站查找公布的相关招聘信息。

15.3.2 注册以及创建个人简历

如果是注册用户更能得到许多免费的超值服务。这些服务有利于求职者找到合适的工作。本节来学习注册成网站会员以及创建个人简历的方法。

图 15-30 单击"新会员注册"链接

1 切换到"新会员注册"页面

① 使用招聘网站找工作首先需要注册，将个人信息添加到人才库。在网站首页单击"新会员注册"链接，即可切换到"新会员注册"页面，如图 15-30 所示。

图 15-31 填写新会员资料

2 填写新会员资料

① 输入可方便联系到个人的"电子邮件"地址。
② 设置"会员名"。
③ 输入登录"密码"，如图 15-31 所示。

图 15-32　完成基本资料设置

完成基本资料设置

❶ 重复输入密码。

❷ 选择是否订阅第三方信息等内容。

❸ 设置完毕后，单击"注册"按钮，如图
15-32 所示。

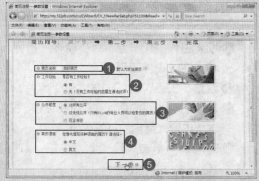

图 15-33　根据向导完成简历

根据向导完成简历

❶ 切换到简历向导页面，设置"简历名称"。

❷ 选择是否有工作经验。

❸ 设置简历的公开程度。

❹ 选择填写简历的语言。

❺ 设置完成后，单击"下一步"按钮，如
图 15-33 所示。

图 15-34　填写基本个人信息

填写基本个人信息

❶ 简历向导的第 2 步为填写用户的基本个
人信息，用户根据自己的情况如实填写，
如图 15-34 所示。

图 15-35　选择求职地点

选择求职地点

❶ 单击"求职意向"选项组中的"地点"
按钮。

❷ 在弹出的橙色框中设置"请选择地点"
为"北京市"，然后勾选"北京市"
复选框，如图 15-35 所示，设置求职
地点为"北京市"，单击"确定"按
钮完成设置。

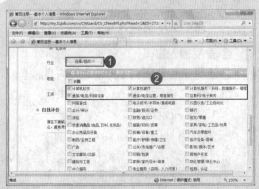

图 15-36　设置求职行业

7 设置求职行业

1 单击"行业"按钮。
2 在弹出的橙色框中勾选希望所在行业，例如勾选"计算机软件"、"计算机硬件"、"计算机服务"、"通信 / 电信 / 网络设备"、"通信 / 电信运营、增值服务"复选框，如图 15-36 所示。

图 15-37　设置其他求职意向、填写自我评价

8 设置其他求职意向、填写自我评价

1 设置工作的"职能"为"硬件工程师"和"高级硬件工程师"。
2 设置"工资"为"6000-7999" / 月。
3 设置完求职意向后，在"自我评价"文本框中输入简短的自我评价。
4 完成后，单击"下一步"按钮，如图 15-37 所示。

图 15-38　填写教育经历

9 填写教育经历

1 如实填写自己的教育经历，例如"学校"、"专业"、"学历"等内容，方便应聘单位筛选简历，如图 15-38 所示。

图 15-39　填写工作经验

10 填写工作经验

1 需要填写自己的工作经验，最好注明自己的优势，如图 15-39 所示。

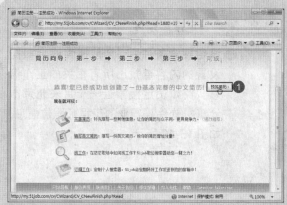

图 15-40 完成中文简历的创建

11 完成中文简历的创建

❶ 根据简历向导填写完所有的信息后，系统会提示用户已经成功完成一份基本完整的简历，要整体预览简历的内容，则单击"预览简历"按钮，如图 15-40 所示。

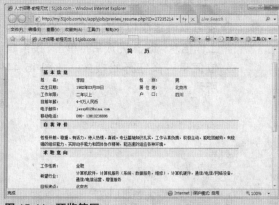

图 15-41 预览简历

12 预览简历

❶ 单击"预览简历"按钮后，系统会根据用户填写的内容自动生成一份格式清晰、内容完整的简历，如图 15-41 所示。

15.3.3 搜索职位

求职网站上的职位众多，如果求职者一一查找将相当浪费时间。这时如果借助职位搜索器搜索职位，将使找工作的过程更具针对性。

图 15-42 单击"找工作"链接

1 切换到职位搜索器页面

❶ 单击"找工作"链接，即可切换到 51job 的职位搜索器，如图 15-42 所示。

高手点拨

用户也可返回网站首页查找工作。

Lesson 11 Lesson 12 Lesson 13 Lesson 14 **Lesson 15**

图 15-43　设定搜索条件

图 15-44　搜索职位信息

图 15-45　显示职位搜索的结果

图 15-46　切换到职位具体信息页面

2 设定搜索条件

❶ 设定搜索条件后，全能搜索器会根据设置的内容查找出所有相关的工作信息。例如设定搜索近一个月来北京市计算机软件等行业的工程师职位信息，如图 15-43 所示。

3 搜索职位信息

❶ 还可以通过职位、公司等关键字搜索工作信息，设置完成后，单击"搜索职位信息"按钮开始搜索，如图 15-44所示。

4 显示职位搜索的结果

❶ 使用 51job 的求职全能搜索器搜索出相关职位信息后，查找到的结果如图15-45 所示。

5 切换到职位具体信息页面

❶ 拖动右侧滚动条查看招聘职位及相关信息，如果需要深入了解情况，可单击职位链接。例如单击"北京申索科技发展中心"的"硬件工程师"职位链接，如图 15-46 所示。

图 15-47 查看职位描述

6 查看职位描述

❶ 在公司及职位的具体描述页面可以查看到应聘单位的要求等信息，求职者可根据自己的条件和需要选择是否应聘该公司，如图 15-47 所示。

15.3.4 发送个人简历

遇到心仪的职位，求职者可以直接使用网站提供的"立即申请该职位"按钮申请职位，当然也可根据招聘单位提供的邮箱地址将个人简历发送到招聘单位的邮箱。

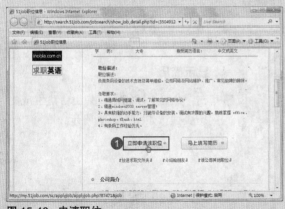

图 15-48 申请职位

1 申请职位

❶ 如果对某公司的某职位感兴趣，可以对该职位提出申请，方法是单击"立即申请该职位"按钮，如图 15-48 所示。

图 15-49 发送求职申请

2 发送求职申请

❶ 单击"立即申请该职位"按钮后，系统将提示用户是否申请该职位，以及提示用户是否完善简历或添加求职信。用户可根据自己的需要选择设置，设置完成后，单击"发送求职申请"按钮即可将个人简历发送到应聘单位，如图 15-49 所示。

图 15-50　预览求职申请

图 15-51　确认预览简历

图 15-52　显示简历

图 15-53　发送求职申请

３ 预览求职申请

❶ 用户也可以先预览求职申请，再选择发送，单击"预览求职申请"按钮，如图 15-50 所示。

４ 确认预览简历

❶ 弹出系统提示框，单击"确定"按钮预览简历，如图 15-51 所示。

５ 显示简历

❶ 单击"确定"按钮后，弹出自动生成的简历页面，如图 15-52 所示。

６ 发送求职申请

❶ 用户可以在预览简历后，在该页面发送求职申请，单击"发送求职申请"按钮，如图 15-53 所示。

动手练一练 | 查询个人面试通知以及发送个人简历

本节主要向用户介绍上网求职方面的内容，下面就以查询个人面试通知及发送个人简历为例，回顾本节的内容。

图 15-54　登录查看个人求职情况

登录查看个人求职情况

1. 在 IE 地址栏中输入前程无忧的网址：www.51job.com，登录到该网站。
2. 在"个人服务"中心输入"会员名"和"密码"。
3. 单击"登录"按钮登录个人服务中心，如图 15-54 所示。

图 15-55　显示个人简历信息

显示个人简历信息

1. 在个人简历中心可以查看到简历被浏览的次数，用户也可以在"申请记录及反馈"中心查看相关的工作申请记录以及面试通知情况，如图 15-55 所示。

图 15-56　查看面试通知

查看面试通知

1. 单击"申请记录及反馈"中心"面试通知"后面的"查看"链接，如图 15-56 所示，查看面试通知情况。

图 15-57　显示面试通知情况

4 显示面试通知的情况

❶ 弹出一个新的窗口，显示用户当前的面试通知信息，如图 15-57 所示。

图 15-58　切换到华为公司招聘页面

5 切换到华为公司招聘页面

❶ 查看面试通知后，返回到招聘网站的首页，继续投递简历。

❷ 单击"华为技术"的招聘图片，切换到华为公司招聘页面，如图 15-58 所示。

图 15-59　查询 IT 类职位

6 查询 IT 类职位

❶ 在"华为技术"招聘页面中列有分部门分类别的招聘信息，单击"IT 类"图片链接，查询 IT 类招聘职位，如图 15-59 所示。

图 15-60　查看具体职位信息

7 查看具体职位信息

❶ 在 IT 类招聘的职位中选择适合自己的职位，然后单击该链接以查看详细的职位信息，如图 15-60 所示。

图 15-61 显示职位描述

8 显示职位描述

❶ 在具体的职位描述页面中详细介绍了该职位的招聘条件以及职位要求，应聘者可根据自己的条件以及兴趣选择是否应聘该职位，如图 15-61 所示。

PRACTICE

15.4 知识点综合运用——浏览论坛

论坛又叫做 BBS，全称为 Bulletin Board System (电子公告板) 或者 Bulletin Board Service (公告板服务)。是 Internet 上的一种电子信息服务系统。它提供一块公共电子白板，每个用户都可以在上面发布信息或提出看法。它是一种交互性强，内容丰富而即时的 Internet 电子信息服务系统。用户在 BBS 站点上可以发布信息，进行讨论，聊天等等。下面就介绍浏览论坛的方法。

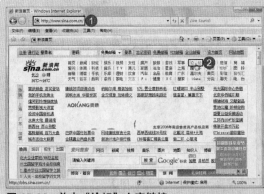

图 15-62 单击"论坛"文字链接

1 切换到新浪论坛页面

❶ 访问新浪网站。

❷ 单击"论坛"链接，切换到新浪论坛页面，如图 15-62 所示。

图 15-63 进入子论坛

2 切换到"企业管理"子论坛

❶ 在"主版列表"中单击"财经论坛"下的"企业管理"子论坛，如图 15-63 所示。

图 15-64　浏览帖子

3 浏览帖子

❶ 单击任意一个主题链接，浏览帖子，如图 15-64 所示。

图 15-65　显示帖子内容

4 显示帖子内容

❶ 显示帖子的具体内容及其他人的回复信息。注册用户也可选择是否跟帖或发表自己的意见，如图 15-65 所示。

图 15-66　打开"新浪论坛"列表

5 打开"新浪论坛"列表

❶ 单击左侧的展开按钮，打开"新浪论坛"列表，如图 15-66 所示。

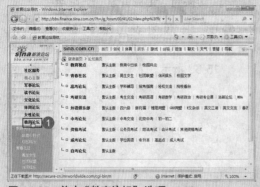

图 15-67　单击"教育论坛"选项

6 切换到"教育论坛"

❶ 单击"新浪论坛"列表中的"教育论坛"选项，切换到"教育论坛"，如图 15-67 所示。

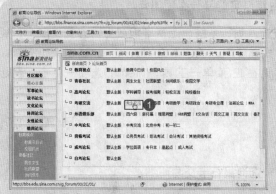

图 15-68　单击"考生交流"文字链接

7 切换到"考生交流"子论坛

❶ 在"教育论坛"下单击"考研交流"组中的"考生交流"链接，切换到"考生交流"子论坛，如图 15-68 所示。

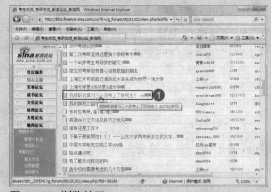

图 15-69　浏览帖子

8 浏览帖子

❶ 单击选择自己喜爱的主题帖子链接，如图 15-69 所示。

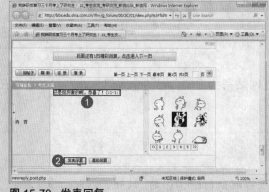

图 15-70　发表回复

9 发表回复

❶ 在"内容"文本框中可以发表自己对帖子的意见。

❷ 单击"发表回复"按钮即可回复帖子，如图 15-70 所示。

新手提问

❶ **为何有的银行不允许我输入银行密码，如何解决？**

答：是由于银行在输入密码处使用控件方式来保障密码安全，这时您只需要安装一下 ActiveX 插件即可解决问题。打开任意 IE 浏览页点击工具—internet 选项—安全—自定义级别—运行 ActiveX 控件和插件—启用。然后在银行支付界面点击安装 ActiveX 插件提示栏后安装即可。

❷ 打开支付页面，提示"该页无法显示"或空白页，可能是什么原因?

答：未升级 IE 浏览器，致使加密级别过低，无法进入银行系统。上网环境或上网方式受限，可能是网络服务商限制，如有条件请更换一种上网方式或环境。偶尔网络不通时，尝试刷新页面，如果刷新不能解决问题，可能浏览器设置了缓存，请在 IE 菜单—工具—Internet 选项—点击"删除cookies"和"删除文件"，来清除临时文件。

❸ 如何查询银行卡网上支付的交易明细呢?

答：可通过网上银行、电话银行、ATM 和到柜台来查询银行卡交易明细。

❹ ATM 密码和网上交易密码有什么不同?

答：ATM 密码就是用银行卡本身的密码，网上交易密码是登录网上银行后，进行网上交易、功能设置时使用的。但有些网上交易密码就是 ATM 密码，具体要看银行的规定。

❺ 招聘网站上的服务收费吗?

答：如果你是一个求职者，在网上查找招聘信息，发布我的简历，一般招聘网站提供的服务是免费的。如果是需求人才的公司想刊登招聘广告，或搜索简历库，这些服务是收费的。

❻ 我一定要成为注册用户吗?

答：当然你可以只浏览招聘信息，可是如果成为注册会员，你就可以享受到更多的超值服务。

❼ 我的简历放在招聘网站上安全吗?

答：招聘网站会尊重求职者的隐私权，你可以通过网站完全控制自己的个人信息。事实上当你在填写简历时就可以设置个人信息的访问权限。

❽ 我的简历是否会被企业搜索到?

答：这主要取决于设置的简历公开程度。在建立或修改自己的简历时，只要进入简历设置画面，就可以随时更改简历的公开程度。若将公开程度设为"完全保密"，您的简历将没有人可以搜索得到；设为"只对 XX 公开"，只有 XX 的专业人员可以检索您的我的简历；如果您选择"对所有公开"的话，则所有公司都可以搜索到您的简历。

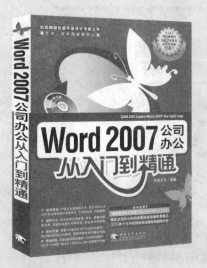